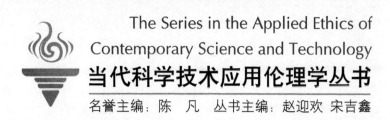

The Series in the Applied Ethics of
Contemporary Science and Technology

当代科学技术应用伦理学丛书

名誉主编：陈　凡　丛书主编：赵迎欢　宋吉鑫

Ethical Issues in Engineering Design
Safety and Sustainability

安全与可持续
工程设计中的伦理问题

〔荷〕安珂·范·霍若普◎著
赵迎欢　宋吉鑫◎译

科学出版社
北京

图书在版编目(CIP)数据

安全与可持续：工程设计中的伦理问题/（荷）霍若普（Gorp, A. V.）著；
赵迎欢，宋吉鑫译.—北京：科学出版社，2013.5

（当代科学技术应用伦理学丛书/赵迎欢，宋吉鑫主编）

ISBN 978-7-03-037101-0

Ⅰ.①安… Ⅱ.①霍… ②赵… ③宋… Ⅲ.①工程-设计-伦理学

Ⅳ.①TB21 ②B82-057

中国版本图书馆 CIP 数据核字（2013）第 048996 号

责任编辑：樊　飞　侯俊琳　王景坤/责任校对：朱光兰
责任印制：徐晓晨 / 封面设计：无极书装
编辑电话：010-64019072
E-mail：fanfei@mail. sciencep. com

科学出版社出版
北京东黄城根北街 16 号
邮政编码：100717
http://www.sciencep.com

北京虎彩文化传播有限公司 印刷
科学出版社发行　各地新华书店经销

＊

2013 年 4 月第 一 版　开本：B5（720×1000）
2018 年 5 月第四次印刷　印张：13
字数：280 000

定价：68. 00 元

（如有印装质量问题，我社负责调换）

他山之石，攻己之玉

　　20 世纪 80 年代以来，以信息技术、生物技术、纳米技术和认知科学技术为代表的四大汇聚技术对人类的生产、生活乃至思维观念均产生了深远影响。随着现代科学技术日益成为生产、生活、生命和生态中的显象，科学技术应用伦理学也合乎逻辑地成为当代科学技术哲学研究中的显学。西方许多学者在广泛研究的基础上，提出了技术哲学的"经验转向"、技术哲学的"伦理转向"，乃至深入探索"技术伦理的设计转向"。欧美学者紧密关注工程设计中的伦理问题和信息技术与道德哲学研究，他们的观点和思想启迪中国学者对当代科学技术伦理学的研究进路、研究重点、研究方向、研究方法、研究热点及研究程度进行深入挖掘。

　　翻译荷兰著名学者和专家的著作有助于我们更好地理解作者的思想和中西文化在技术伦理研究中的碰撞和融合，使中国学者的研究不断追踪学科前沿并与国际接轨，以求在立足"本土化"

的前提下，逐渐走向"国际化"。这必将有利于促进中国特色的科学技术伦理思想的建构与完善，弘扬中国传统文化中的伦理精神，提升中国传统文化与当代人文精神的交融。

赵迎欢教授和宋吉鑫教授主编的"当代科学技术应用伦理学丛书"，是科学技术和伦理学研究交叉学科的最新成果。其中《安全与可持续：工程设计中的伦理问题》和《信息技术与道德哲学》两部译著均对科学、技术、工程中的伦理问题进行了探索，并从认识论、方法论和价值论视角提出相关的伦理原则和伦理精神，是点亮当代科学技术应用伦理研究与道德责任建构的火炬，意义深远。《网络伦理学研究》和《设计伦理学》两部著作是作者在科学技术伦理学领域多年研究的积淀，也是借鉴国外先进思想，"洋为中用"，结合中国实际的具体探索。书中洋溢着作者热爱科学、热爱哲学、热爱经历着巨大变化的祖国的深深情怀，彰显着作者对当代科学技术相关的伦理问题的关注和思考以及作者对人的尊严的理性思考和人生追求。

"他山之石，可以攻玉"这句经常为世人引证的至理名言，将不断激发我们这些中国科学技术哲学研究和科学技术伦理学研究的学者，在哲学创新的旅途中，开拓进取，奋力拼搏，为繁荣我国的科学技术伦理学研究贡献力量。

陈　凡

2012 年 3 月于沈阳

目　　录
Contents

总序（陈凡）/ i

第一章　引言 / 1

第一节　研究内容与目的 / 5

一、伦理问题 / 6

二、工程设计中的伦理问题 / 8

第二节　研究方法 / 10

第二章　工程伦理学及设计过程 / 13

第一节　工程伦理学 / 14

第二节　设计 / 18

一、设计过程 / 18

二、设计问题 / 19

三、作为社会过程的设计过程 / 22

四、设计过程的组织 / 23

第三节　与伦理问题相关的设计过程的特征 / 25

一、设计类型和设计层次 / 25

二、标准框架 / 30

三、工程师与社会之间的道德责任和信任关系 / 31

第四节　结论 / 36

第三章　案例研究介绍 / 37

第一节　原理假说 / 37

第二节　案例研究的选择 / 38

第三节　实证数据的获得 / 41

第四章　荷兰 EVO 是否安全可持续? / 43

第一节　一种轻型家庭轿车 / 44

第二节　设计团队 / 48

第三节　安全对于一辆车意味着什么? / 54

一、主动安全 / 55

二、被动安全 / 56

三、伙伴保护 / 58

四、汽车安全 / 59

五、规则 / 59

第四节　废旧车灯是否扔掉? / 60

第五节　可持续和/或安全 / 65

第六节　案例总结和规范框架 / 66

一、伦理问题 / 66

二、有关伦理问题的决定 / 69

三、规范框架 / 70

第七节　致谢 / 72

第五章　管道和设备 / 73

第一节　(石油)化学工厂设计 / 74

第二节　压力容器和管道相关规则 / 76

一、法规 / 77

二、压力容器和管道相关规范 / 78

三、压力容器和管道相关标准 / 78

第三节　责任与任务明细 / 79

第四节　伦理问题 / 81

第五节　案例总结与规范框架 / 87

一、伦理问题 / 87

二、关于伦理问题的决定 / 88

三、规范框架 / 89

第六节　致谢 / 91

第六章　设计桥梁 / 92

第一节　设计问题 / 93

第二节　试图调和所有要求和利益相关者 / 95

第三节　法律与法规 / 99

一、施工安全 / 99

二、使用安全 / 101

三、可持续性 / 106

第四节　责任及担当 / 108

第五节　案例总结和规范框架 / 109

一、伦理问题 / 110

二、有关伦理问题的决定 / 112

三、规范框架 / 113

第六节　致谢 / 116

第七章　轻型挂车的设计 / 117

第一节　轻型卡车挂车 / 118

第二节　"客户永远是对的" / 120

第二节　在何种意义上是安全的? / 125

一、结构可靠性 / 127

二、误用与超载 / 134

第四节　责任归属 / 136

第五节　案例总结和规范框架 / 140

　　一、伦理问题 / 140

　　二、有关伦理问题的决定 / 142

　　三、规范框架 / 143

第六节　致谢 / 143

第八章　实证研究结论 / 144

第一节　结论概要 / 145

第二节　伦理问题、设计类型与层次 / 148

第三节　解决伦理问题、设计类型和设计层次的途径 / 149

第四节　规范框架 / 153

第五节　设计问题公式化的表述 / 155

第六节　结论概括 / 157

第九章　值得信赖的工程师 / 162

第一节　标准设计 / 163

　　一、标准设计中对工程师能力的要求 / 163

　　二、对格伦沃尔德要求的再思考 / 165

第二节　激进设计 / 168

第三节　进一步研究 / 173

第四节　关于工程教育的建议 / 174

参考文献 / 176

附录 1 / 186

附录 2 / 190

后记 / 193

译后记 / 194

译者简介 / 195

第一章

引　言

　　1987 年 3 月 6 日，"自由先驱者"（Herald of Free Enterprise）号滚装船在泽布吕赫（Zeebrugge）港口附近发生倾覆①。当时，海水快速涌进船体并导致 150 名乘客和 38 名船员死亡。灾难的主要原因是当船离开港口的时候，船首的内外门都开着。

　　助理水手长本应该关闭这些门，然而他当时却正在睡梦之中。因为没有示警灯，所以从船桥处不可能看到船首的门是否已关闭。在此之前，同一家公司营运的姊妹船中至少发生过两次类似的事故：船离港时，船首的门开着。但这些事故因未产生灾难性后果而未引起人们的注意（London Crown，1987）。

　　在"自由先驱者"号海难中，是快速起程的压力与沟通不畅导致了

---

　　① 关于"自由先驱者"号海难的叙述基于"工程设计过程的价值考量"（Van Gorp and Van de Poel，2001）。

船在离港时，船首的门仍然是打开着的。通常情况下，是人的过失带来了灾难。在本案中，首先是渡轮的设计造成了灾难发生的可能性。当水进入甲板时，正是滚装船本身的不稳定性对灾难的发生埋下了隐患。在设计"自由先驱者"号与其姊妹船时，工程师们应该意识到当水大量进入甲板时，船会迅速变得不稳定。紧随"自由先驱者"号海难，另一艘叫做"爱沙尼亚"（Estonia）的滚装船也发生了类似的灾难。水涌进一层甲板使得船倾覆，造成近800人丧生。尽管"爱沙尼亚"号船主们遵守了在"自由先驱者"号海难后制定的有关滚装船的新规定提议，而灾难却还是发生了（Van Poortvliet，1999）。

在以下对"自由先驱者"号海难更加详细的描述中，我将关注设计船只过程中的决策，正是这些决策使得客舱甲板极易大量进水。这个例子可以说明在设计过程中决策可能带来的伦理影响。

关于"自由先驱者"号与其他滚装船的设计而引发的一个伦理学问题是：鉴于水进入甲板可能导致船迅速倾覆这一众所周知的事实，滚装船是否应该设计得更加安全。这是一个道德问题，因为当船沉没时，旅客、船员及他们的家庭都将受到伤害。当水进入甲板时，如果想阻止船迅速倾覆，是存在简单的技术解决方案的，即在甲板上设置防水壁能够很容易地防止水涌进甲板，进而防止船快速倾覆（www.safetyline.wa.gov，2005）。然而，在甲板上设置防水壁会使得船的卸载时间延长并占据甲板空间，进而增加费用。

当我们考察与"自由先驱者"号和其他同性能船舶的设计相关的伦理问题时，发现伦理问题在设计过程的不同阶段以及产品的使用过程中都具有关联性。伦理问题在设计标准和要求的制定以及对各项要求的折中接受方面同样具有关联性。我将关注滚装船安全要求的制定及其与经济效益之间的平衡，同时说明为什么滚装船没有以这样一种方式设计：当水大量涌入甲板时，能有效防止船快速倾覆。

国际海事组织（IMO）在制定法定的安全要求时起了重要作用。这个国际组织负责批准航海船舶法规。国际海事组织的安全立法涉及船和乘客。《国际海上人命安全公约》特别关注乘客的安全和客船上的救生设备。早在 1981 年，国际海事组织的官员们就清楚，如果水进入滚装船客舱的甲板，那么船将快速倾覆和沉没（Van Poortvliet, 1999）。进入客舱的水将流入最低点而导致较大的倾斜，如果倾斜超过一定的角度，就会导致船快速倾覆。从 1981 年以来，这一直被认为是海事领域中的常识。尽管有简单的技术解决方案，如安装防水壁，但国际海事组织并没有调整法规以解决这个问题。

国际海事组织批准的法规需要政府实施，而且只有接受国际海事组织公约的政府才能将其实施。因此，当制定了一个国际公约时，使它尽可能地被更多的政府接受是十分必要的，否则，所有船队中就只能有一小部分有责任遵守该公约。例如，如果一家航运公司的管理层认为遵守国际海事组织公约所需费用较高，那么该公司则可能决定悬挂没有签署该公约的国家的国旗进行航运。这种情况的存在，迫使国际海事组织放弃颁布被一些政府认为难以执行的安全要求。

大多数的国际海事组织公约适用于新船，而不涉及已经在海上航运的船舶。这就是所谓的"祖父条款"。"祖父条款"保护了较贫困的国家，因为对这些国家而言，让新法规适用于其旧船舶意味着费用过高。因此，人们认为国际海事组织法规约束力不强，而且遵守国际海事组织法规的船舶仍很可能会在遇险后快速倾覆。

除了国际海事组织，保险公司和船级公司也在安全要求制定的过程中起着部分作用。为了能够从保险公司，如伦敦的劳埃德公司（Lloyd），获得船舶保险，船舶需要被检验认定。船级组织属私营机构，负责监督船舶建造是否符合各项法规，证明船舶的适航状态。因此，其只考虑船舶的装备和建造，并不考虑乘客的安全（Van Poortvliet, 1999）。

几乎没有什么诱因驱使航运公司或者造船厂去配备或设计比国际海事组织公约和船舶保险规则要求的安全标准更高的船舶。海难发生后，随后的调查通常会得出这样的结论：是人为的设计缺陷导致了灾难。

有六个因素在滚装船安全要求的制定中至关重要，分别是：国际海事组织、政府、保险公司、船级公司、造船厂和航运公司。要理解为什么这六个因素没有成就更严格的安全要求，重要的是要意识到安全要求是在与经济要求达成妥协后制定出来的。

对保险公司和船级公司而言，经济因素是很重要的，因为他们依赖于造船厂和航运公司。当他们的安全要求和竞争者的安全要求相比费用更多时，他们将失去部分客户。保险公司希望安全要求更严格些，这样就不必频繁赔付船舶损失。然而，因害怕失去客户，通常他们的安全要求不会比其竞争对手的更多、更严格。

造船厂没有忠实的消费者。为了提高竞争优势，造船厂需尽可能降低价格，至少要低于其竞争对手的价格。造船厂通常只在法律责任约束下，在船上构建一些安全设施。如果船舶在建造时符合相关的法规，造船厂就不承担其他责任。

欧洲西北部的航运公司与铁路和航空运输部门的竞争非常激烈，因而他们不想面对不断攀升的费用或较长的靠岸时间。就滚装船而言，航运公司不想在甲板上设防水壁，是因为当船靠岸时，处置它们需要花费时间。此外，由于防水壁不得不以在更大或更小的船舱之间可容纳的方式来设计，因而更少的客舱能做运输之用。这一点对防水壁之间的间距有较高要求，以至于即使是大的客船和货船，其效率仍然较低。所以，航运公司也会为一些经济利益而放弃安全。

最后，国际海事组织和个别国家的政府也放弃一些安全要求以换取经济利益。正如我们早先看到的，为了使国际海事组织公约生效，需要尽可能多的国家予以支持。就许多国家而言，当谈及认为哪些安全要求具有可接受性时，经济方面的衡量起着重要作用。这一点由这样的事实得以强化，即航运公司可以选择悬挂某国国旗航行。各国政府可以禁止那些不符合其较为严格的国家法规的船舶进入他们的港口，实际上却存在迫使其不这样做的经济原因。如果一国政府的国家港口实行非常严格的法规，而一些国家的港口并没有实行比国际海事组织法规更严格的法规，相比较而言，前者就不具有竞争优势。这一点在策划吸引航运公司的规章制度时，会相应地强化各国间的竞争，而这样的竞争理所当然地会使安全要求打折扣。

概述"自由先驱者"号海难案例中的几个重要的伦理问题如下：一

旦水进入船的甲板，则意味着船的设计本身就是不稳定的。在特定条件下，设计、生产和使用本身具有不稳定性的船舶，从伦理学角度讲是无可非议的吗？在这样复杂的状况下工程师的责任是什么？在船桥上没有警示灯，因而也不可能从船桥上判断船首的门是否已关闭。工程师在设计过程中应该努力预期人为过失吗？以一种尽可能防止人为过失的方式来设计船舶，甚至是设计简单易懂、易操作的船舶，是工程师的责任吗？例如，人们渴望设计出这样的滚装船，船首的门如果没有完全紧闭，船就不能离开港口。正如我们所看到的，在制定设计要求时，安全和经济利益之间存在着妥协，即经济利益的压力淡化安全要求。经济与安全之间的妥协是可接受的吗？何种妥协选择是合理的？遵守各项规则就能获得道德上可接受的设计吗？在设计过程中出现的如上所述的伦理问题将成为本书探讨的中心。

第一节　研究内容与目的

技术对社会具有深远的影响。应用新技术和新产品的结果引发了新的可能性和新的风险。设计过程中的决策决定了产品的可能性和风险。这些决策具有伦理相关性。例如，一些决策对人们使用产品时的人身安全有巨大的影响。尽管在设计过程和工程伦理学方面有大量的文献，但是对设计过程中的伦理问题的明确关注却相对较少。大量的工程伦理学文献源自对灾难的研究，如"自由先驱者"号海难，或者源自泄密案例。在本书中，我将关注工程设计中的日常实践。鉴于我将研究日常的工程实践，以对一场灾难的叙述作为本章的开头看起来似乎有些奇怪。对"自由先驱者"号海难的叙述只是想明确这样一点：工程师在设计过程中做出有关伦理问题的选择决定，这些决定可能具有不良影响，但不是必须如此。不管有没有"自由先驱者"号海难的发生，这艘滚装船的设计均可视为日常工程实践的一个范例。我的研究内容为：在设计过程中，会出现什么样的伦理问题以及工程师如何应对这些伦理问题。

本书针对设计实践进行了分析，将对工程伦理学起到积极的作用[①]。本书就哪些伦理问题会在工程设计中起重要作用，以及工程师如何应对这些伦理问题，将提供详尽的资料。而这些资料将充实对工程师在设计过程中的道德责任问题的讨论。本书的研究目的可以概述如下：对工程师在设计过程中关于道德责任问题的讨论起到积极作用。

这一积极作用表现在：本书对工程设计实践进行了详尽的描述，并对这些设计实践进行了规范性的分析。正如在"自由先驱者"号海难案例中看到的，对于产品设计存在一定的规则。本书将为回答以下问题提供信息：如果工程师遵守现行的规则，从道义上讲其行为就是负责任的吗？是否负责任的工程师应该仅是遵守规则？

一、伦理问题

到目前为止，我可以认为读者已直观地了解了什么是伦理问题。现在我将更详细地解释本书中使用的"伦理的"这个术语的意义[②]。当道德价值受到影响时，我将称一个问题是伦理问题或者道德问题。在描述道德价值的特征时，我将遵循托马斯·内格尔（Thomas Nagel）的观点。内格尔认为，价值源泉是不同的，如特别忠诚、普遍权利、效用、自我发展的完美主义目标和个人筹划，它们彼此互不包含，也不能被纳入更基本的价值范畴中。按照内格尔的观点，基于特别忠诚的价值观是主体与他人相关联的结果，由对其他人或组织的特殊责任构成。普遍权利是个体作为人所拥有的权利。这些权利约束行为、侵犯这些权利的行为在道德上是不被允许的。内格尔认为，效用包括对所有人或有感觉的生物的利益和损害的所有方面（Negal，1979）。自我发展的完美主义目标是指某些成就的内在价值。内格尔提供了科学发现或者艺术创造的内在价

[①] 对设计研究感兴趣，而对工程伦理学不感兴趣的人，可能会因为实际设计过程的叙述而对案例叙述感兴趣。

[②] 一些哲学家指出，道德勾画了一个社会或者团体的行为规范（Gret，2002）。伦理学因此被建构为对道德的批评性思考。本书将把"伦理的"和"道德的"两个术语作为可互换的词语来使用。

值的例子。第五种价值源泉来自个人筹划。内格尔认为，任何原因均可使之产生，但首先这是一种价值（Negal，1979）。内格尔给出这样一个例子，如果你已经出发，并且开始向珠穆朗玛峰的峰顶攀登，那么个人筹划就具有重要性。伦理学理论通常关注某一个价值源泉。康德主义聚焦普遍权利，功利主义仅仅说明效用，美德伦理学关注自我发展的完美主义目标。选择仅仅与效用、美德或普遍权利有关的伦理问题定义，就会把自己局限于一种价值源泉的探讨，而我不想这样做。在本书中，与内格尔定义的道德价值相关的问题被称为伦理问题，而针对伦理问题的决策被称为具有伦理关联性的决策。例如，有关安全的问题不但与效用有关，而且与普遍权利有关，因此，安全是一个伦理问题。"伦理问题"这个术语仅仅说明，可以从伦理学的视角对工程师应对问题的方式加以评价。

伦理问题这个概念的运用是不依赖于工程师自身对伦理问题的认识的。工程师可能同意，也可能不同意这个伦理问题概念。在本书中，如果一个问题按照上述概念判断，属于伦理问题，那么即使工程师不这样认为，我也会将其按伦理问题对待。也可能会有这样的问题——工程师认为是伦理问题，而按照上述概念判断，却不属于伦理问题。在本书中，这些问题将不被视为伦理问题。例如，一些工业设计师就将美学和道德价值合二为一。

某些伦理问题也是法律问题，如安全问题。有许多法律、标准和规范关涉安全和设计，这就使得有关安全的决策不再具有伦理关联性，而只是在工程师作决策时，从法律的角度为其提供一些应该遵守的规则。在这种情况下，工程师解决这些问题的方式可以从伦理和法律两个角度加以评价。关于一种产品安全的决策伴随着道德的正确与错误和合法与非法。在这种情况下会引发一个问题，即依照法律是足够安全的一个设计是否在伦理上也是可接受的，并且是否反之亦然——关涉安全的法律、规范和标准也能够被伦理所评价。

二、工程设计中的伦理问题

要将所有与设计过程有一定联系的伦理问题考虑在内是不可能的。而对一个看似微不足道的选择，指出它的伦理关联性却不那么难。例如，在设计团队会议中选择喝哪种茶。有的茶是有机种植的，有的茶在种植中使用了除草剂，而且在好的和差的工作条件下都能生产茶。因此，选择喝什么样的茶就与效用和普遍权利相关联。在设计背景下，许多伦理问题都参与其中。例如，一些部件可能在雇佣童工比较普遍的国家生产，因此就可能使人认为这些部件是由童工生产的。尽管诸如雇佣童工、对不发达国家的剥削、除草剂和杀虫剂的使用等问题确实是伦理问题，而这些问题在本书中却不是关注的重点。本书主要关注那些对产品设计和使用有直接影响的伦理问题。尤其是，将聚焦关涉安全和可持续的伦理问题。其原因在于，它们在许多设计过程中起着主导作用。鉴于伦理问题的概念，安全和可持续显然会引发伦理问题，关于这些问题所做的决策与效用和普遍权利相关联。几乎在每一个设计过程中，工程师都会做出关于安全和可持续的决策，尽管其重要性或许不尽相同。在一些情况下，工程师不会关注或者讨论安全和可持续，但这并不意味对其可以不做任何选择。

在接下来的两个案例中，我将证明在设计过程中关于安全和可持续所做的决策，其影响意义是深远的。在日常生活中，对技术装置的使用，经常要做出有关安全和可持续的选择，然而个人用户所做的关于安全和可持续的选择结果，与在设计过程中所做的决策相比，其重要性要小得多。

当设计一个打印/复印机时，基于打印/复印机是否可以双面打印/复印，需做出选择。一旦选择双面打印/复印后，还要对预设属性做出额外选择。如果预设选项是双面打印，那么用户要做出明确选择才能单面打印。只有在特殊情况下，即双面打印/复印选项被用户关闭时，才能单面打印文件。与只能单面打印的打印/复印机相比，这一预设选项可能会大量节约纸张。就单独一个打印/复印机而言，其节约纸张的环境影响并不大，但是如果将所有使用着的打印/复印机考虑在内，那么因为双面打印/复印而节约下来的纸张量则是巨大的。因为生产纸张需要木材，所以纸张使用量的减少也会降低木材的使用量。纸张的生产、木材的运输以及纸张的运输都需要能源。因此，能源的消费量也会降低，进而全球范围内的资源消费量也会大幅降低。这个例子表明，在产品设计阶段所做的决策，看似微不足道，但对环境的影响却是巨大的。

下面是另一个有关设计决策伦理影响的例子。一个人可能决定不开快车，这样做是因为开快车通常是很危险的，而并不是出于对环境的友好。一国政府可能决定通过强制实施速度限制来管理车辆的行驶速度。在强制实施了速度限制的情况下，驾驶者仍可以在其汽车本身允许范围内，随意开快车，但存在因超速驾驶而被罚款的危险。汽车工程师或许会决定设计一种不可能超速行驶的汽车。荷兰的卡车就是一个例子，工程师在卡车上安装了速度调节器，使得驾驶者不可能以高于每小时 90 公里的速度驾车。这个例子说明了工程师可能具有的影响：促成或者防止超速驾驶。不依赖于规则的要求或者法定的速度限制，工程师也可以设计出最高时速较低的汽车①。最高时速达每小时 300 公里的汽车就具有了超速行驶的可能性，而且也有可能诱使驾车者去验证这一最高时速。而安装速度调节器或者设计较小动力引擎的汽车就使得这样的超速行驶不可能发生。设计最高时速较低的汽车还会节省大量的燃油，因为高速行驶时，燃油的消耗量也较大，减少燃油的消费量还会降低二氧化碳的排放量。如果卡车和汽车的时速差别较小，就可能使路上交通事故的发生量降低，人员伤亡量减少。因此，通过选择设计最高时速较低的汽车，不管是主动限制汽车的最高时速，还是设计较小动力引擎的汽车，工程师都能减少燃油消费量、二氧化碳排放量以及公路上交通事故的数量和

---

① 在荷兰，法律只规定卡车必须装备速度调节器。但即使没有法律要求，工程师也会决定为轿车装备速度调节器。德国的汽车生产商之间存在一种君子协定，就是将汽车的时速限制在每小时 250 公里以内。例如，梅赛德斯-奔驰（Mercedes Benz）AMG 敞篷车 CLK55 型，宝马（BMW）M5（时速限制是每小时 250 公里，而不是每小时 338 公里），以及奥迪（Audi）A3 型跑车（3.2 排量的 Quattro 概念车）。尽管通用汽车公司不是德国汽车制造商，但是通用（GM）ZT/ZT-T260 汽车的时速限制也是每小时 250 公里（Carros，2004）。

严重程度。

第二节 研 究 方 法

为了回答研究中的问题，需要对设计实践加以描述，而这又可以通过案例研究来完成（Yin，1984/1989）。在案例研究中，可以使用不同的数据获得方式。在案例研究中，我对工程师进行了访谈并观察了设计团队的工作，另外还阅读了正式的和非正式的设计文件。

通过观察设计会议，我可以采集有关工程师决策制定方式的信息。观察设计会议也是获取此类信息的方式，即了解工程师认为什么是设计过程中的困难和挑战。用于案例研究的会议已录音，且录音内容已形成文字材料。会议列表参见附录1。

设计文件，尤其是用来给客户看的正式文件，是对设计会议上所做的决策的一种重建。但设计文件有时会提供额外的信息。例如，在一些设计会议上，人们对某些选择存在争议，并未做出实际的决定，而设计文件中却记录了决定。一些非正式的设计文件通常会提供有关设计过程的某些具体信息。而这些信息可用于以后正式的设计文件，以提供给客户。因此，有时非正式的文件比正式的设计文件更详细。

访谈用于进一步获取如下信息：设计过程中特定工程师的作用，以及他们是否遇到一些伦理问题。在访谈中，工程师被问的问题是，他们认为什么是设计过程中的伦理问题。大多数访谈都是在观察期结束或者接近结束的时候进行的，因此，在阅读设计文件、观察设计会议之后，我对仍不清楚之处，可以咨询工程师。所有的访谈内容已形成文字材料，并且已经过受访者认可，可参见附录1。

访谈和观察期结束之后，我对每个设计团队陈述了自己的结论。陈述之后进行了讨论。工程师可以指出我关于设计过程的事实陈述是否准确，以及他们是否认同我的结论。这次陈述对我而言也是咨询一些自己仍不清楚的细节的最后机会。在观察和访谈期结束时进行陈述，原因是工程师们对我的研究和结论感兴趣。如果有工程师向我询问结论，我会告诉他们，将在之后陈述并且给他们机会讨论这些结论。这样我就可以把对安全和可持续的讨论一直推迟到我做陈述的时候，目的是尽可能不影响设计过程。

在对设计过程的叙述中，我为参与的工程师使用了化名。工程师们并未要求我这样做，但是我决定在正文中保护他们的个人隐私，更多的具体信息参见附录1。参与者的真实身份对案例叙述并不重要，对本书而言，他或者她的争论、决策和在设计团队中的正式位置具有相关性。

在进行案例研究时，我选择了以工程师的身份出现在工程师们中间。这个选择的一大优势在于，能让设计团队的成员知道我理解工程师的"语言"；而且在观察和访谈期间，尽管我的参与保持在最小限度，但设计团队的成员知道我是一名合格的工程师；这就使交流更容易。设计团队的成员并未感到被强迫用简单化的方式解释他们正在做的每一件事情。

和参与程度最小化一致，我并没有致力于设计问题的解决。我选择这么做还因为我先前没有设计经历，参与设计过程对我来说极富挑战。设计任务可能会完全占用我的时间和注意力，这样就很难观察到团队里正在发生的事情。因此，我以非设计团队成员的身份参与其中。在数据采集期结束，陈述结论时，我已经获得了一些关于设计过程的知识。

关于结论的有效性，我所做的是努力减少我在场的影响。我表明自己对设计过程中的伦理问题感兴趣，并没有深入解释我所说的"伦理问题"这个术语的含义。大体上讲，案例中的工程师用四种不同的方式理解"伦理问题"这一术语。首先，一些工程师认为，我想要研究人权，并且想知道我在他们公司正在做些什么，因为他们很难想象他们公司和人权问题有什么联系。其次，另一些工程师认为，伦理学只涉及人应该怎样生活，并且想知道设计与人应该怎样生活有什么联系。再者，一些人，特别是学士学位毕业生，认为我要在他们设计团队中研究礼仪。最后，一些工程师共享了用于这项研究的伦理问题的解释，并且希望我去研究与设计安全相关的决策或者灾难的预防。我有意识地不去纠正那些认为我对礼仪、美好生活或人权感兴趣的工程师的想法。我的在场或许

11

对设计团队有影响，但是因为大多数工程师并非确切地知道我正在研究什么，因此，对与安全和可持续相关的决策，他们不太可能给予更多的重视。不论是否在讨论安全或可持续问题，我已将设计会议全程录音，并且在设计会议和访谈期间始终做笔记。如果有工程师询问我研究结论，我通常告诉他们我会在以后陈述。

关于工程师在日常的工程设计中如何应对伦理问题，人们还知之甚少，因此本书属于探索性研究项目。本书第二章介绍源自设计过程文献的一些观点，以及基于这些观点形成的原理假说。第三章介绍这些原理假说和选择的案例。第四章到第七章叙述案例。第八章总结案例并概括案例研究结论。第九章从本书结论出发，确定设计工程师值得信任的条件。这些条件形成了工程师在设计过程中应具有的道德责任的初步轮廓。

第二章

工程伦理学及设计过程

第一章介绍的研究内容和目的说明本书对工程伦理学具有积极的作用。本书将阐释工程师在设计过程中遇到的伦理问题以及他们如何应对这些问题，关注工程设计过程中的伦理问题是相对具有新意的。正如第二章第一节所介绍的，在工程伦理学中，设计过程尚未受到大量的系统关注。第二章第二节概述了有关设计过程本质的文献。这一概述是具有关联性的，因为关于设计过程本质的观点在案例研究中被用于指导信息的采集。有关设计过程的观点与本书具有特别的关联性，因为在第二章第三节介绍的这些观点，对原理假说的形成起到了解释和提供信息的作用，原理假说将在下一章进行介绍。

第一节　工程伦理学

关涉伦理学和设计的研究是工程伦理学研究领域的一部分。在这一节中，我暂不给出工程伦理学文献的完整概述，而仅限于叙述工程伦理学所关注的主要问题，以及本书如何定位这些问题。

工程伦理学是聚焦工程师行为和决策的伦理方面的研究领域，既包括个体工程师，也包括群体工程师。工程伦理学探讨相当广泛的伦理问题：职业行为规范、泄密、安全和风险应对、义务问题、利益冲突、跨国公司、隐私等（Harris et al.，1995；Davis，1998；Bird，1998）。从20世纪80年代起，出现了大量的针对工程专业学生的工程伦理学教学文献（Baum，1980；Unger，1982；Martin and Schinzinger，1989；Harris et al.，1995；Birsch and Fielder，1994）。

工程伦理学文献的一个显著特征是，许多文献的产生基于对灾难的研究，如"挑战者"号灾难（Vaughan，1996；Davis，1998）。工程伦理学的另一个特征是，许多人倡议将工程伦理学视为一种职业伦理学，在美国尤其如此（Schaub et al.，1983；Davis，2001；Harris，2004）。他们的观点是，作为专业人士的工程师不仅对他或者她的雇主负有义务，而且对广大公众也负有义务责任，正如医生和律师也都负有义务一样。工程师应该恪守职业行为规范的规定。例如，工程师应该以公众的安全和福祉为重。基于"挑战者"号灾难的描述，戴维斯（Davis）强调说，工程师和管理者是有区别的。工程师应该恪守其职业规范并且以安全至上，而管理者不必这样做（Davis，1998）。这种将工程伦理学视为一种职业伦理学的倾向，导致了在（美国）多数工程伦理学教科书中，工程师个人以及他或她在其工作中的责任受到关注。这也可以用来解释为什么在一些工程伦理学文献中，告发行为受到关注。在某些情况下，工程师个人应该严肃地承担他或她的道德和职业责任，勇于告发。

根据赞德沃特等（Zandvoort et al.，2000）和德文等（Devon et al.，

2001）的观点，工程伦理学关注的应该不仅仅是工程师个人。他们认为工程师遭遇的伦理问题部分是因为其工作的背景。一些伦理问题不能由工程师个人或其职业来解决。

　　与大多数工程伦理学文献相反，我关注的不是灾难和一个个孤立的工程师。本书将关注工程设计中的日常实践。值得庆幸的是，并非每一个工程师都得与灾难打交道或者对是否告发做出决策。关于日常实践中的伦理问题并没有太多的文献，然而每个工程师都会遇到这些伦理问题。而且，在本书中，我没有区分工程师和管理者，有时在工程伦理学文献中也有同样做法。我将设计团队中每个成员都视为设计工程师，而忽略他们在工作中的头衔和教育背景。我这样做有两个理由：第一，在荷兰工程师通常不被认为是正式意义上的专业人士。在荷兰很难指出谁是职业工程师，因为当工程师不需要执照和证明。获得一个荷兰理工大学的学位后，你就有权使用"工程师"这个头衔了。虽然有一些工程师的专业组织，但并非所有的工程师都是其成员，并且有些工程师是多家专业组织的成员。此外，一些专业组织对任何从事指定类型工作的人都是开放的，而不论其是否有资格使用"工程师"这一头衔①。第二，在设计过程中，是由工程师、管理者和营销专家合作设计产品。只因为职务不同或者教育背景不同，就把在设计过程中明确合作的人排除在外，这种做法显得太不合理了。

　　从工程伦理学的视角看，工程设计是令人感兴趣的研究主题，因为设计是工程师的核心活动之一。此外，技术具有社会和伦理的含义，因为设计过程决定了产品的种类②。只是在最近人们才给予伦理学和工程设计更多的关注（Lloyd and Busby，2003；Devon et al.，2001；Van de Poel，2001）。伦理学和设计在软件设计和计算机伦理学领域也出现了令人感兴趣的进展。融入价值的软件设计被称为"价值敏感设计"。

---

　　①　荷兰的职业协会对任何从事特定类型工作的人都是开放的，"Bouwen met Staal"（刚性结构）就是一个例子。

　　②　当然，产品的使用范围和使用方式也很重要。

劳埃德（Lloyd）和巴斯比（Busby）用实证数据去描述工程师在设计中怎样应对伦理问题（Lloyd and Busby，2003）。他们用三个主要的伦理学理论去考证设计过程中的推理和立论是否符合这些理论。他们把这三个理论称之为"结果主义"、"义务论"和"美德伦理学"。他们研究了全部的推理，而不仅仅是那些关于明显的伦理问题的推理，如安全问题（Lloyd and Busby，2003）。例如，他们将关于制造更好产品的推理与结果主义推理联系起来。他们的结论是结果主义的推理，但在工程设计中不普遍，这与他们预期的恰恰相反。工程师们也使用义务论推理，并且认同劳埃德和巴斯比所说的工程师美德，如集体性、一贯性和强调证据。劳埃德和巴斯比还考虑到了在日常条件下做出设计决策的状况。据劳埃德和巴斯比所述，众多小的不具有明显伦理特征的设计决策，综合起来却具有与伦理相关的重要性：

> 并非许多工程设计与人们通常所说的伦理问题特别相关，这是一个简单的事实，然而，工程设计的产品，尤其是产品的用途，却毫无疑问地与伦理问题相关。

（Lloyd and Busby，2003）

在许多设计过程中，伦理问题确实难以辨认，与关于灾难的文献中给出的一些实例相比，并不那么明确。我同意劳埃德和巴斯比的观点，在每一个设计过程中都会做出"较小的"与伦理相关的决策。然而，我认为将所有的决策都视为可能与伦理相关联是具有或然性的。一些价值（如功效）并不是道德价值（参见第一章第一节的第一个问题）。因此功效未必是伦理问题。然而，有关功效的决策如果涉及伦理问题，如可持续，即具有伦理关联性。制造一个节能产品是与伦理切题的，因为它是设计一种更可持续的产品的一部分。对设计一种尽可能简单的产品也是同样道理。"简单"是一个标准化术语，而不需要理解成一个道德术语。关涉简单的决策只是偶尔与道德价值有关。如果简单与简易操作有关，它就可能成为一个伦理问题。简单的产品有可能防止与非故意的误操作相关的事故。如果一台机器的操作程序复杂，那么操作者在操作时就可能出错。涉及简单的另一个问题是，一种简单的产品是人人都能使用的，不像某些录像机或微波炉，人们发现它们使用起来太困难。可见简单有时与道德价值相关，但未必总是如此。

劳埃德和巴斯比研究了在设计过程中工程师使用的（伦理）推理，与他们的研究不同，范德保罗（Van de Poel）区分了在设计过程中可能是伦理切题的五种行为（Van de Poel，2000）。

（1）目标、设计标准和要求的制定与实施；

（2）设计过程中，被审查备选方案的选择和以后阶段方案的确定；

（3）评估对各项设计标准的协调；评估关于某些协调方案的可接受性的决策；

（4）评估风险和次级效应以及二者可接受性的决策；

（5）评估脚本，设计中（含蓄地）固有的政治和社会远见，以及关于这些脚本合意性的决策。

范德保罗的方法暗示了，制定要求是在设计过程中意料之中的行为。制定要求可以是伦理切题的，如制定的是安全要求。这些要求需要实施，而这种实施也是伦理切题的。涉及不同要求、不同评价的备选方案，以及各项要求的不同实施均应予以评估，不同要求之间应做协调。按照范德保罗的方法，如果涉及道德价值，所有这些行为都是伦理切题的，因此在本书中也包括这些行为。

价值敏感设计这一概念是在计算机伦理学和人机界面设计领域中产生的。依据弗里德曼（Friedman）和其他人的观点：

> 价值敏感设计是一种具有理论基础的方法，用于以一种全面的和有原则的方式说明贯穿设计过程的人的价值的技术设计。

> （Friedman et al.，2003）

这个定义并不意味着价值敏感设计仅仅适用于软件和计算机设计。然而直到现在，这个概念还是主要在软件和计算机设计领域内应用，而不涉及其他种类的技术设计（www.nyu.edu/projects/valuesindesign/index.html）。通过进行对价值的哲学分析和对技术的使用与开发的社会研究，价值敏感设计就是进行能够说明人的道德价值的软件设计，如隐私和自主性。

本书是对工程师在工程设计过程中如何应对道德价值而进行的研究，因此也是对价值敏感设计的研究。然而这里存在着差异：研究价值敏感设计的研究者正试图构想出一种应对道德价值的方法，而本书将关注描述工程师怎样应对诸如安全和可持续这样的伦理问题。另一个差异在于，一些在软件设计中非常重要的伦理问题，如隐私和身份，对我的工程设计的案例研究来讲却并不那么重要。

第二节　设　　计

本节介绍与本书主题相关的设计问题和设计过程的特征。在本节最后，介绍用于本书的设计过程的构想。

一、设计过程

根据克罗斯的理论，设计过程是按照人类的意图制造产品或者工具的过程（Cross，2000）。一个设计过程的起点通常是一些确定的或感知的消费者的需要，然后设计出满足这些功能要求的物质的结构①。设计过程通常受经济和时间限制的束缚。一个设计应该在确定的时间内完成，并且全部设计过程的花费不应该超过确定的金额。

在设计方法论文献中，记录了大量不同的设计过程模式（Cross，1989；Roozenburg and Cross，1991；Baxter，1999）。克罗斯介绍了一种由三个阶段组成的设计过程模式：产生、评估和传达。在设计过程的第一个阶段产生概念。设计者需要理解设计问题，并且找到可能解决这个问题的方案，二者通常是同时发生的。可能的解决方案有助于设计者更好地理解设计问题。第二个阶段是评估概念。在评估过程中，对可能的解决方案是否符合要求做出决策。经过多次反复过程，概念被采纳。通常，多次反复是必要的，因为只采纳设计的一个部分会给其他部分带来

---

① 人们也可以说，在机构设计中设计的是组织性的结构，而不是物质的结构。而我将关注人工制品的设计。

问题。在第三个阶段，设计被传达给负责生产的人。图样、计算机绘图和设计的描述被用于传达过程中（Cross，1989）。

另一个更为详细的模式由弗兰斯（French）提出。他将设计过程划分为四种活动：①问题的分析；②概念化的设计；③计划的具体化；④细部装饰（Cross，1989）。

设计问题的分析将产生一个清晰的问题陈述，在这个阶段制定出要求和限定。在概念化的设计阶段，设计者寻求各种可能的解决方案，并且制订相应计划。在接下来对计划的具体化阶段，在各计划之间做出选择。在局部实施阶段，计划被进一步细化。

尽管有不同的模式将设计过程划分为不同的阶段，并且用不同的术语命名这些阶段。但是在各模式之间仍存在相似之处（Roozenburg and Cross，1991；Cross，2000）。设计过程可以被大致描述如下：在设计过程的初始阶段，定义目标、要求和限定。这一点有时由消费者完成，有时由消费者和工程师合作完成。接下来是概念产生与评估这一创造性阶段。在下一个阶段，选择一个概念并将其进一步细化。最后，制图、描述设计以制造产品。设计过程不是一个线性过程，而是反复的，通常是必须返回一个或者多个阶段，然后再向前进。

二、设计问题

在要求单独确定解决问题时，如果设计问题是问题，那么工程师可能说他们不负责解决伦理问题，因为其要求决定每一件事并且是消费者确定这些要求。某些作者持有这种观点，工程师不负责，并且不应该负责解决包含在设计要求、标准和目标中的规则（Florman，1983）。根据弗罗曼的观点，要求和目标中的规则相关伦理方面，而这不应该由工程师做。管理者、政治家、消费者等应该制定这些要求。在这种思考路径下，工程师的任务是发现什么是最能有效地解决给定的某些要求的技术方法，这个任务是伦理中立的。当技术应用于某种目的或者产生某种社会作用时，伦理问题可能在使用者层面发生。依据弗罗曼的观点，这些涉及用途的伦理问题也在工程师的职责之外，并且应该由使用者解决（图 2.1）。在这种模式中，工程师的独立责任是以适当的方式执行由他人拟定的任务。

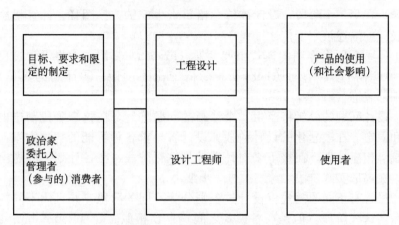

图 2.1　工程设计的劳动分工

注：前提是设计问题是要求可以完全决定解决方案的结构良好的问题。

(Van Gorp and Van de Poel，2001)

然而，设计问题通常并不是这样的问题：它存在一套明确的要求，并由其完全决定解决方案。设计问题或多或少都是不良结构的问题（Simon，1973；Cross，1989）。西蒙（Simon）认为，在房屋设计的不良结构问题中：

> 最初不存在确定的标准去检测所提出的解决方案，更不要说应用这个标准的程式化过程了。问题范围并不是以一种有意义的方式确定的。

(Simon，1973)

西蒙认为不良结构问题的主要特征在于，解决方案的范围没有被明确地界定，并且没有用以检测不同的解决方案和决定哪一个是最好的标准。克罗斯给出了下列不良结构问题的特征：

1）没有确定的问题形式。

2）任何问题形式可能都包含着矛盾。

3）问题形式依赖于解决方案。

4）理解问题的办法是提出解决方案。

5）问题不存在确定的解决方案。

(Cross，1989)

一些设计方法要求工程师独立自主地制定要求和解决方案，然而如果设计问题是不良结构问题，这一要求和解决方案则是不可能实现的。在对现有设计进行重新设计时，在设计过程的初始阶段有可能制定出大部分的要求，但这并不是不依赖于解决方案的要求。在这种情况下，解决方案的范围是被限制的，因为做出的是重新设计，即产品的某些特征将保持不变。还有其他旨在设计一种全新产品的设计问题也是不良结构的，在设计过程的初始阶段只能制定一些含糊的要求。因此，设计问题可能都或多或少是不良结构的。

　　下面是一个不良结构问题的例子。在 20 世纪 90 年代中期，人们寻求取代氟氯化碳（CFCs，俗名氟利昂）作为电冰箱制冷剂的物质，因为氟氯化碳损害臭氧层（Van de Poel，1998 and 2001）。有两种选择：四氯乙烷（HFC $_{134a}$）和碳氢化合物，且两者都有各自优点和缺点。碳氢化合物为易燃物质，如被采用则现有的冰箱设计需要改变。四氯乙烷在大气中的生命期较长，如果释放到大气中仍会损害环境，尽管与氟氯化碳相比损害程度较低。当然，针对环境、健康和安全标准，存在着不同的实施方案。在执行不同标准的条件下，对提出的解决方案的评价也不同。而在所有运作条件下，没有最好的解决方案。因为没有确定的标准去判断哪一个解决方案是更好的。这个例子表明，即使对寻找一种替代现有冰箱设计中的制冷剂这样一个看似简单的问题，也存在使其成为不良结构问题的特征。

　　在一些设计问题是不良结构问题的案例中，或许存在不止一种的解决方案，且每种解决方案都是有效的。在这种情况下，工程师就得做出选择，因为这不是设计要求最终只有一种解决方案的设计。在设计过程的初始阶段，或许甚至没有一套明确的、并非模棱两可的要求。在设计过程中，不良结构问题可能最终是没有解决方案的。在一些情况下，或许有必要调整或者放弃一些要求，因为无法找到满足所有要求的解决方案，因此，设计要求可能对设计问题限制不足或者过多。不论哪种情况，工程师在设计过程中都需要做出选择。例如，应该放弃哪些要求，或者在设计问题的可能解决方案中哪一种是最好的。

三、作为社会过程的设计过程

大多数的设计是由工程师团队完成的，在其间进行设计即是一个社会过程，不同的人群在设计中做出选择。在设计过程中，工程师之间的交流、协商、争论与信任，以及工程师之间的能力差异，都会影响设计。这会对设计研究产生影响，因为应将设计过程概念化为一个社会过程。有人对设计团队的实际设计过程做过一些研究（Bucciarelli，1994；Lloyd and Busby，2001；Lloyd，2000；Baird et al.，2000）。布卡瑞里（Bucciarelli）将设计过程描述为一个社会过程，在这个过程中协商是必要的：

> 在多数情况下，当代设计是一种复杂的事务，其中具有不同责任和利益的参与者……必须将他们各自的经验凝聚在一起。

> （Bucciarelli，1994）

具有不同教育背景和经历的工程师将从不同的角度对设计任务进行构思。以汽车的框架构造和车体设计为例，一个机械工程师会研究汽车的框架构造和车体内的压力。他或她试图以这样一种方式去设计——汽车在正常使用时压力保持低水平，而在碰撞条件下则能吸收能量。一个大气动力学工程师可能也研究同一车体，认为车体需要低的前部外形和低的空气阻力系数。尽管机械工程师和大气动力学工程师研究的是相同部分，而观点却不一样，因为他们认为相同部分应满足不同要求。所有这些不同的观点应该"凝聚在一起"（Bucciarelli，1994），正如所有的部分应相互适合并且共同起作用一样。这种"凝聚在一起"是在交流和协商的过程中达成的。

其他的研究者也承认在设计过程中社会过程的重要性，并且强调交流的重要性。劳埃德强调设计过程中经验讲述的重要性（Lloyd，2000）。工程师们在设计过程中获得了一些经验，而这些经验被用于达成一个共识：

> 作为一种社会活动的工程设计是社会协议的建构。我们已

经看到经验讲述是一种有助于这种建构的机制。

（Lloyd，2000）

经验可以应用于整个公司或者单个部门。整个公司或者设计团队可能知道以前的一个设计失败了，而只有销售部门掌握那些特别难对付的消费者的情况。了解这些经验是设计团队或者部门组成中的一部分。因此，经验在使用中可能相互包含，也可能相互抵触（Lloyd，2000）。

贝尔德（Baird）和其他人一起在劳斯莱斯航空航天公司进行了一项人种志研究（Baird et al.，2000）。他们的结论是，工程师之间的人际交往对信息在整个组织内的传播是至关重要的。在做新项目时，因为做别的项目而彼此了解的工程师们常常互相征求意见。在设计过程的初始阶段，富有经验的资深工程师是十分重要的。他们能够帮助年轻的工程师，指点他们应该寻求专家的观点及其出处（Baird et al.，2000）。按照贝尔德等的观点，这有助于设计问题的建构。

四、设计过程的组织

在大多数的设计过程中存在劳动分工。例如，汽车设计可以划分为传动轴、引擎、座椅、电子系统、悬架和汽车款式设计等。从伦理的视角看，将一个设计团队分割成若干较小的设计小组，分别负责设计的一个部分，这种作法是值得关注的，因为这会导致责任难追究的问题（Bovens，1998；Thompson，1980）。这个问题的出现涉及积极责任和消极责任。消极责任是指对已经发生的某事负责任，如对自己的行为负责。积极责任是指对未发生的某事或某项任务负责任，或者感觉需要负责任（Bovens，1998）。

对消极责任，随之而来的便是责任难追究问题。在组织机构中，谁正式负责什么可能会非常清楚，因为这取决于正式的工作描述，而在实践中，人们很难指出是谁对已经造成损害的组织行为负责任。组织对组织之外的人而言，通常是难懂的，不清楚谁负责什么和谁能影响某一决策。除此之外，当一个组织是按等级制而构成时，等级较低的人可能指出是那些等级较高的人负责，而那些等级较高的人则宣称不了解情况。

关于积极责任，当没有人认为自己对某个问题负责任时，责任难追究问题也会产生。如果问题不是某个人的任务描述中的特定部分，那么每个人都能够避免对其负责任，然后这些问题会在设计过程中被忽略。

在一篇探讨公司的组织方式对他人造成损害的关系的论文中，达利（Darley）研究了一个军用飞机的设计案例，某中包含对该飞机试飞着陆过程中失灵的着陆装置的检验（Darley，1996）。在公司里，人们知道存在计算误差，并且很有可能因为这些误差而导致着陆装置失灵。某些社会机制使得该公司组织中的人对消费者积极地隐瞒了该计算误差，并且在证明文件中乱改数据。在这个案例中，人们曾感到迫于上司的压力应停止隐瞒计算误差，也感到他们已陷入困境，并且预期到了乱改数据的恶果，应停止隐瞒计算误差。

达利还指出了决策的建构方式，即停止生产过程或改变一种设计，需要采取行动，而继续进行则通常意味着不需要采取行动。采取行动须在其他人面前进行答辩，而在不做任何事情或者不做任何改变的情况下，则不要求这样的答辩，只在有损害证据的时候才采取行动。这就以"直到证明有罪之前都是清白的"方式建构了决策。这与使用预防框架的决策是有差异的，因为后者不需证明有损害，怀疑有损害足以使得对其采取行动是完全有道理的。以不同的方式建构类似的决策会导致不同的行动（Darley，1996）。这对设计过程而言可能具有关联性，在对停止或者继续一个设计过程进行决策时尤其如此。

从伦理学的视角看，以上提到的设计过程的各个方面均具有关联性，因而被纳入本书设计过程的构思中。按照上述观点，本书将设计过程视为有组织的社会过程，以解决或多或少不良结构的设计问题。以上提到的这些方面均被用于支持案例研究中的数据采集。例如，在案例研究中，关注了设计团队的组织和设计团队内部的社会过程，因为这有助于确定在应对伦理问题时，谁参与了什么决策。

第三节　与伦理问题相关的设计过程的特征[①]

到目前为止，已经探讨了设计过程的一些非常普遍的特征。在研究工程设计中的伦理问题时，进一步区分不同种类的设计过程是有益的。例如，可以这样认为，在设计汽车轮胎螺栓的过程中所做的伦理决策，与那些在设计一种全新的个人运输装置的设计过程中所做的决策相比，是不同的。在描述不同种类的设计过程时，我借鉴了文献中的观点，基于这些观点，形成了在下一章中论述的原理假说。对在设计过程中工程师的道德责任的讨论，相关研究及其结论所起的作用，我将在本章结尾部分初步介绍，并在最后一章进一步阐述。

一、设计类型和设计层次

让我们回到设计汽车轮胎螺栓的例子，及与其对应的设计一种新型个人运输装置的例子。螺栓设计应该遵循规格限定、安全范数、标准、财力限制等因素。螺栓是一个已知产品的一个小部件，而且多数螺栓的设计是对现有螺栓的重新设计。对新型个人运输装置的设计而言，则缺乏范数、标准或者规格限定，或者说现有的范数、标准或者规格限定能否，或者是否应该被使用还存有疑问。新型个人运输装置的设计问题与螺栓的设计问题相比，不良结构问题更突出，后者比前者结构更好的原因在于，螺栓设计存在更多的外部限定[②]。本书在这里用了"外部限定"这一术语，是指所有的在设计过程中被工程师认为是理所当然的限定，而其中的一些限定可能在设计过程的初始阶段就被工程师设置了。例如，工程师可以决定对现有螺栓进行重新设计，而不是设计一种新的

---

① 第三节前两个部分的观点基于论文《工程设计需要伦理反思：设计类型和设计的层次结构的关联》（Van de Poel and Van Gorp，2006）。

② 并不是在说更多的限定总会带来结构更好的问题，因为太多的限定也可能导致对问题的过度限制。

螺栓。其他的限定由其他利益分享者，而不是工程师来设置，如消费者的要求、政府的法律法规和标准。这些外部限定通常已经在特定的、明确的要求中得以实施。在重新设计的情况下，怎样贯彻落实这些要求通常也是显而易见的。

正如螺栓设计和新型个人运输装置设计两例所示，工程师在不同的设计过程中面对不同程度的外部限定。根据威森蒂（Vincenti，1992）的观点，这种外部限定程度主要依赖于两个维度：设计层次和设计类型（标准的与激进的）①。

设计层次

多数现代产品由若干部件、组件和子系统构成。② 在多数情况下，子系统和部件都是或多或少独立设计的。不同的团队和工程师设计产品的不同部件，这取决于设计过程的组织方式。团队之间存在交流与合作，或者至少通常是这样的。这些设计团队可能来自同一公司或者不同的公司。部件、组件和子系统被有层次结构地安排开来。在设计的层次结构中，最高层次设计完全的产品，低层次设计子系统和部件。威森蒂将一架飞机的设计过程划分为下列设计层次结构：

1）项目定义：将某一通常是不明确的军事或者商业要求转化为层次2）中的一个具体的技术问题。

2）总体设计：布局飞机各部分的排列和比例，以满足项目定义的要求。

3）主要部件设计：将设计项目划分为机翼设计、机身设计、着陆装置设计和电子系统设计等。

4）按照所需的工程学科，将层次3）中的组成部分设计领域细分（例如，大气动力学机翼设计、结构机翼设计、机械机翼设计）。

---

① 威森蒂使用"技术限定"这一术语，而不是外部限定，但是，在我看来这是一个有误导性的术语。因为威森蒂提到的限定中有些不是技术限定，而实质上是社会限定。威森蒂似乎将技术限定这一术语用于设计团队中的工程师不能改变的所有限定（Vincenti，1992）。

② 例如，沃尔顿（Walton）估计福特金牛座汽车有大约3万个部件（Walton，1997）。

5）将层次 4）中的项目进一步细化为非常明确的问题。例如，将大气动力学机翼设计细化为平台问题、翼型部分和高扬程装置问题。

（Vincenti，1990）

威森蒂关于设计层次结构的观点与迪斯克等（Disco et al.，1992）定义的设计层次结构之间有着相似之处。迪斯克等人对层次结构做了以下划分：①系统，如工厂、电网或者电缆网；②功能性人工制品，如轿车等；③装置，如泵、发动机等；④零部件，如材料、螺母、冷凝器等。

威森蒂对设计层次结构的划分在低层次上更为精细，而部件设计不在最低层次，是在中间层次。迪斯克等将系统层次置于最高层次。

根据威森蒂的观点，如果设计过程在设计的层次结构中处于低层次，则外部限定的程度较大。设计过程的较高层次为较低层次设置外部限定，如这些限定中的规格限定，即一个部件须适合整个产品，也是部件功能的限定。

威森蒂和迪斯克等关于设计的层次结构的观点似乎与本章第二节第一部分介绍的设计过程的阶段相似，但是也存在差异。设计的层次结构和设计过程阶段之间的差异在于，一个设计过程是为每一个产品、组件或者部件而进行的。这意味着在设计层次结构的每个层次上，都要经过设计过程的所有阶段。例如，可以想象一下，一个产品的一个部件在设计阶段的概念产生阶段，这可能是一个属于中间层次的设计的概念产生阶段。设计阶段的相对重要性可以因设计层次而不同。例如，在高层次的设计中，制作详细图样所处的设计过程阶段与概念产生阶段相比，是相对不重要的。

设计类型

除了设计层次结构这一概念之外，威森蒂还介绍了从标准设计到激进设计的设计类型的概念。威森蒂用"操作原理"和"标准配置"两个术语说明什么是与激进设计相对的标准设计（Vincenti，1990）。"操作原理"是波兰耶（Polanyi）介绍的一个术语（Polanyi，1962），它是指装置是如何工作的。"标准配置"被威森蒂描述为

　　……通常被认为是最好地体现了操作原理的常规形状和排列……

（Vincenti，1990）

　　关于汽车引擎的不同工作原理，可用内燃机引擎和燃料电池引擎来说明。这两种引擎均给汽车提供动力，而工作原理却不同。在内燃机引擎中，燃料和空气进入汽缸并燃烧，汽车由燃烧气体的体积膨胀以获得旋转动力。在燃料电池汽车中，氢和氧发生电化学反应生成了电，电被用来驱动汽车。因此，尽管两种引擎都给汽车提供动力，而方式却不同。在标准设计中，操作原理和标准配置都与先前的设计相同。在激进设计中，操作原理和（或）标准配置是未知的，或者认为常规的操作原理和标准配置不会被用于设计中。

　　威森蒂对激进设计的描述关注于设计的结构和物理方面。为了达到我的目的，在此介绍一下激进设计更广义的定义是有益的。在设计中，功能和结构被结合在一个人工制品中（Kroes，2002；www.dualnature.tudelft.nl），这意味着一个设计就其功能或设计标准而言，也可以是激进设计。在设计过程的初始阶段，就可以做出一个明确的选择，改变这类产品中的好产品的惯常概念，这表明了设置不同的标准或者改变标准的相对重要性。例如，在汽车设计中，速度通常被赋予某些重要性，但它通常不是最重要的标准。关于好汽车的公认标准是好汽车应该安全、可靠，也可能包括速度快。如果一个设计过程的目的是设计一种能够突破噪声障碍的汽车，那么这就是一个激进设计过程。在这种功能方式下的激进设计使得有必要对操作原理和标准配置做出重新考虑，但是这种重新考虑不必导致操作原理和标准配置的改变。因此，一个关于功能的激进设计过程可能产生一个物理结构的激进设计，但情况也未必如此，新的操作原理也有可能带来新的标准。

规范框架

　　威森蒂认为在与激进设计相对的标准设计中存在着更多的外部限定（Vincenti，1992）。标准设计是由现存的正式或者非正式规则指导的一种标准化的设计实践形式。在标准设计中，存在一个关于产品的法规和正式规则体系。我将这个体系称作规范框架，某一产品的规范框架由所有相关条例、国内和国际法规、技术规范和标准以及检测和认证产品的规则组成。规范框架是经过社会批准的，如由国内或者欧盟议会，或者由认可技术规范的组织批准。除了技术规范和法规之外，对法规和技术规范的解释也是规范框架的组成部分。对规范和法规的解释可由检测和认证组织提供，也可由工程学会提供。例如，在他们为工程师组织的关于艺术设计实践状态的课程中提供。工程学会也可以制定伦理规范，这个规范也是规范框架的一部分。

要注意的是规范框架不包括公司专有的规范和标准。如果包括公司专有的规范和标准，那么规范框架就会因公司不同而不同。公司在制定公司专有的规范和标准方面是受到限制的，因为这些规范和标准必须符合规范框架的规则和条例。因此公司专有的规范和标准只能是比规范框架的要求更严格。

规范框架这一概念不同于诸如技术制度或者技术范式的概念，因为规范框架仅仅包含有关产品的设计、检测和建造的正式的规范、规则和对二者的解释。拉普（Rip）和卡普（Kemp）将技术制度定义为：

> 嵌入在各种制度与基础结构中已根深蒂固的一个综合体的规则集合与基本原则，这一综合体包括工程实践、生产过程技术、产品特性、技能和程序、管理相关人工制品和人员的方式、定义问题的方式。

（Rip and Kemp，1998）

以这种方式定义的技术制度比规范框架中包括的内容更多，因为它将管理人工制品和人员的技能及方式也包括在内。其他研究者使用过技术制度的其他定义。例如，范德保罗关注的是为设计过程定义技术制度。尽管范德保罗将技术制度的定义限定为设计过程的技术制度，但他也在产品设计的技术制度中包括了比规范框架中更多的内容，如对产品的承诺和预期（Van de Poel，1998、2000a）。

二、标准框架

可以将标准设计的观点与格伦沃尔德（Grunwald）的这一观点联系在一起，即在"一切照旧"的技术发展中，工程师不需要进行伦理反思（Grunwald，2001）。格伦沃尔德认为，在一些情况下，工程师应该对技术的发展进行伦理反思，而在一些他所谓的一切照旧的情况下，则不需要进行伦理反思（Grunwald，2000；Grunwald，2001）。格伦沃尔德指出，在"一切照旧"的情况下，存在一个标准框架，由它管理在设计过程中做出的所有与伦理关联的决策。他认为在技术发展中有许多决策被标准框架所包含。根据格伦沃尔德的观点，工程师应该使用来自标准框架的规则，而不需要进一步的伦理反思，条件是这个标准框架符合下列要求：①

务实完整：标准框架应完全包含要做出的决策，并且不应该漏掉任何需考量的重要方面；

局部一致：在标准框架的各要素之间应存在"足够的"自由程度，但不产生矛盾；

明确：在讨论决策的情况下，参与者之间应存在足够的共识，以超越对标准框架的理解；

认可：相关方应接受标准框架，并作为决策的基础；

遵守：应在实质上遵守标准框架，例如在环境问题上的口惠而实不至是不够的。

（Grunwald，2001）

关于标准框架的可接受性问题，格伦沃尔德说，不需要普遍接受，但也不应该仅限于非常狭窄的工程领域。相反，"必须包括更多的组织或者个人，如假设的使用者，还应该包括可能遭受副作用影响或者其他影响的人"（Grunwald，2001）。格伦沃尔德认为标准框架是一种"道德监

---

① 格伦沃尔德没有明确地说明工程师有使用标准框架的义务，而"遵照"的要求似乎意味着这一点。在 2005 年的一篇文章中，格伦沃尔德将"遵照"的要求改为"遵守"：在相关领域也应该遵守标准框架（Grunwald，2005）。

督","它与文化、社会和技术之间关系的实际状态相关联,与社会的道德信念和关于技术的结果与影响的知识相关联"(Grunwald,2000)。因此标准框架是动态的。

根据格伦沃尔德的观点,一个标准框架的构成包括:由政治条例规定的所有义务,和由其他社会条例,如技术规范和标准,以及伦理规范所导致的所有义务(Grunwald,2000)。因此格伦沃尔德阐述的标准框架与规范框架包含的要素相同。在我对不同设计过程的分析中,规范框架是否存在并且符合上述要求这一问题,起重要作用。

三、工程师与社会之间的道德责任和信任关系

工程师具有专业知识和经验,并且在产品设计中起重要作用。工程师在设计过程中被赋予决策的权力,而这种权力由规范框架加以限制。在本书中,我假定在社会和设计产品的工程师之间存在一种信任关系,工程师被赋予基于这种信任关系的"一种操作执照"。取得社会信任给工程师带来了责任,工程师对顾客负有责任,并且对整个社会也负有责任。各工程学会制定的伦理规范都明确地说明,如果想获得顾客和社会的信任,工程师在工作中应该显示出诚信和诚实。澳大利亚工程师学会在其伦理规范中的第二条信条中规定了下列内容:

> 为了赢得公众与同行的信任,成员们应该带着荣誉感、诚信和尊严去工作。

(www.ieaust.au)

这里我进一步分析的正是这种信任关系和它的伦理关联。对信任的论述有很多,远远多于我在这章以及最后一章论述的内容。我将使用基于安尼特·拜尔(Annette Baier)和巴特·努特波姆(Bart Nooteboom)关于信任的具体概念来讨论工程师的道德责任问题[①]。

---

① 安尼特·拜尔发表了一篇关于伦理学中的信任的有影响的论文。巴特·努特波姆出版了一部关于信任的著作,主要探讨富有经济、理性的决策制定、行为科学和伦理学方面的洞察力,主要关注组织内部和组织之间的信任问题。

安尼特·拜尔在她的论文《信任与反信任》中，选用了一个水管工和外科医生的例子来说明：我们信任他们去做为修理故障而必须要做的事情。我们信任他们，并且我们不用精确地规定他们应该怎么修，如维修一个渗洞（Baier，1986）。拜尔认为精确地规定水管工和外科医生必须做什么是不可能的，因为我们没有那方面的知识。如果我们能够一步一步精确地规定水管工必须做什么、不应该做什么，那么，或许我们自己就能修补那个漏洞了。所以，我同样认为，我们应当信任工程师能够设计安全的产品，而不必精确地规定他们应该做什么和不应该做什么。

拜尔主张信任是一种特殊的依赖：在信任中，我们依赖某个人的善意。信任可被看做是"一个三部分谓项（A 因为有价值的事情 C 而信任B)"（Baier，1986）。得到信任的人被赋予了酌情的权力，这意味着得到信任的人有酌情处理某些事情的权力，但并没有权力去做任何他或者她认为会对某种有价值的东西有所益处的事情。因此对得到信任的人也是有所限制的。例如，他应该是怎样的人或他可以做哪些事情。拜尔使用了一个保育员的例子：

> 一个保育员认为如果把幼儿园粉刷成紫色会改善幼儿园的状况，于是着手行动，那么她作为一个保育员就是在以一种让人无法信服的方式做事情，不管她的意愿有多么好。
>
> （Baier，1986）

在多数日常情况下，对酌情权力的限制并不是被清晰地商讨或者表达出来的。但如果得到了别人的信任，人们还是希望知道他们得到的这份酌情权力的限制是什么。当我去度假时，如果我要我的邻居帮忙照料我种植的那些植物以及代收信件，那么我们彼此都知道我不希望或者不想让她读我的信件、为我付费或者回复我的信件。我信任她会为我的植物浇水，把我的信件放在桌子上，而不会去阅读或者写回信。因而，信任赋予权力和责任，但权力和责任有其限制的范围。

根据拜尔的观点，信任可能是道德上的体面或者不体面。信任了某个人，而这个人却巧妙地隐瞒着他或者她不值得信任的事实，按照拜尔的观点，这种信任或许就是道德上的过失。尤其是如果那个不值得信任的人正在利用他或者她的酌情权力去获得比信任他或她的人更多的权力时，更是如此。在教派的案例中，领袖们通常是受人信任的，但他们往往滥用这种信任去获取超越他们追随者的权力并且损害他们的利益。当然这是个相当牵强的例子，但这也表明，并非所有的信任都能实现保护人们所珍视的东西的目的，而且这种信任可能就是道德上的过失。如果工程师正在试图利用其工作来损害人们的利益，那么在这种情况下对工程师的信任就是一种误置甚至是道德上的过失。

人们已经对相互之间的信任，以及对经济学与管理学理论中的组织信任产生了兴趣（Nooteboom，2002）。按照努特波姆的观点，信任有四部分谓项：

> 某人（1）在某些方面（2）信任某人（或者某事）（3）取决
> 于某些条件，如行动的背景（4）。

> （Nooteboom，2002）

例如，如果我病了，那么我会信任我的医生会给我看病并且把病治好。然而，如果我得了绝症，那么我就不能因为医生没有治好我的病，而说医生是不可信的。医生在其他某些方面可能有不可信的行为，但从他没能治愈我的病这一事实并不能认定他是不可信任的。努特波姆的信任的概念有别于拜尔提出的概念，因为努特波姆在信任的概念中清楚地表述了行动背景的观点。例如，你信任某个人能够做某些事情并达到一定程度，即他或者她可能会影响外部局势并且有能力使一些情况朝好的方向发展。另一个差异在于努特波姆提及了信任一个组织的可能性。

> 当然一个组织自身并没有某种意图，但是它具有自身的利
> 益，并且能够尽力去调节其员工的意图以便服务于那些利益。

> （Nooteboom，2002）

努特波姆认为信任应该是以发展和了解为条件。按照努特波姆的说法，盲目地信任，甚至在有证据表明受信任人的行为是不可信任的情况下仍无条件地信任，那便是不明智的。人们并不是对可信任性进行连续

评估的，但可信任性是有其可容忍限度的。在这个限度内，信任就是一种默认。如果受信任人超越了这个限度，那么对他的信任就会被重新考虑，这一点有别于拜尔的观点。拜尔认为如果信任产生了坏的道德结果，那么信任就演变成了道德不雅，不明智可以解释为一种工具主义性质的缺憾，鉴于特定的目标，有些做法会是不明智的，而道德不雅则是一种伦理缺憾。

接下来，我要把拜尔和努特波姆的观点结合起来，并将其应用于工程设计实践中。拜尔所强调的对赋予受信任人的权力的不明确限制，和信任的道德（不）体面，在分析工程师设计产品和技术时，似乎显得非常重要。而努特波姆提及的行动背景与信任组织的可能性也是相互关联的。这两种观念结合在一起会得出下列观点：在进行设计时，工程师有斟酌的权力或者有限制的权力，并且有责任去打理人们认为有价值的事情。工程师在一定的行动背景下进行设计，并且要受到某些制约，他们同时是设计团队和某组织的一部分。此外，他们设计的产品也受制于物理规则。例如，要求某位工程师去设计光谱电话，如果他或者她不去做，或者没有考虑约束工程师的行动背景因素，那么就应重新考虑对那位工程师的信任。工程师被赋予的权力有时候也是受到明确限制的，因为某些事情是法律不允许的。一些将由工程师决定的决策是至关重要而且是影响深远的。一些新的或有争议的技术的发展，如基因重组食品或者动物，在社会中受到不同人群的质疑。在这些例子中，政府应做出某些明确的限制。例如，是否可以克隆人体胚胎细胞来发展生物技术。因此，法律中明确地规定了对某些技术发展的限制。

关于设计类型、层次结构的影响，特别是规范框架对工程师和社会之间的信任关系的应用可能性，我将在第九章中进行初步分析。我们可以认为规范框架是一种给工程师规定明确限制的方法，在这一限制范围内，工程师被信任去做其工作。规范框架也是限制中的一部分，其中对工程师的信任是一种默认。除了做出明确限制之外，规范框架也有助于建立和保持信任，在基于组织机构的信任方面尤其如此。

信任可以是基于特征的、基于组织机构的和基于过程的（Nooteboom，2002；Zucker，1986）。基于特征的信任源自团体的成员身份，例如你可以信任某个人，原因是你以前曾经和他的姐姐或妹妹一起工作过，并且她的举止行为让人感到信任。基于组织机构的信任源自那个组织机构中规则、伦理规范以及职业标准。例如，你信任将为你生产某些产品的公司，其理由是基于该公司通过了 ISO 9001 质量体系认证这一事实。基于过程的信任源自人与人之间发展中的关系①。规范框架能够产生基于组织机构的信任。公众会因为工程师坚持了规范框架中的规则和标准并以值得信任的方式做事，而倾向于信任他们能够设计出良好的作品。

工程师的可信任性不应该仅仅指没有对信任你的人（们）采取恶意的行动。可信任性也包括具有能力（Jones，1996）。作为设计产品的工程师，如果想要得到信任，那么他们就应具有进行良好设计的能力。值得信任的工程师懂得他们的能力是什么，并且知道什么时候应寻求别人的帮助与建议以便做出安全设计。对那些用意虽好而对自己所做的事情都不清楚的工程师的信任是一种误置。

公众希望工程师设计这样的产品，这些产品在正常条件下正常使用时，不会导致灾难。如果灾难确实发生了，则应重新考虑信任问题。因为有可能是设计工程师的行为不值得信任，也可能是某些未预料到的、不可预知的情况发生了。如果公众要信任使用同样规范框架而再次进行设计的工程师，那么该规范框架就必须把前面提到的情况包括进去。在不良后果产生后，规范框架做了相应改变，在这种情况下，可以说对工程师信任的默认范围被重新界定了。

如果规范框架不适当，那么就会产生对工程师信任的误置。我认为适当规范框架为恰当的信任提供了基础。格伦沃尔德阐述的要求可以作为建构适当规范框架的要求。如果给值得信任又有经验的工程师制定出一些他们必须遵守的规则，而且他们确实遵守了这些规则，那么这些规则就构成了对人们所珍视的事物的保护。这一目标可以通过要求接受规范框架的方式得以实现。规范框架应该是完整的、明确的和一致的，这

---

① 基于过程的信任的例子在于如果忠诚得到证明，那么信任也将被强化。

一要求可以看做是对确保规范框架的规则能够应用于设计过程的要求。基于上述分析，我形成了自己的假说，即对进行设计的工程师的信任，其正当理由是：①工程师有善良的意图；②工程师有能力并且根据规范框架进行设计；③规范框架是适宜的，如它符合格伦沃尔德的要求。我将在第九章中更详细地分析这个假说。

第四节　结　　论

设计过程是指有组织的团队试图解决某些或多或少不良结构的技术设计问题的过程，这一观点构成了案例研究过程中数据采集的基础。在案例研究过程中获取的信息包括：设计团队的组织、设计问题、设计团队内的社会过程以及设计过程的阶段等。

在不同类型的设计过程中会出现不同种类的伦理问题，这一点是可预期的。采用威森蒂关于设计类型和设计层次结构的观点来描述设计过程的特征。根据威森蒂的观点，设计类型有两个极端，即激进设计和标准设计。设计的层次结构是指设计的是否为完整的产品或者产品的一部分。威森蒂所谓的标准设计或许就是格伦沃尔德所说一切照旧的技术发展。根据格伦沃尔德的观点，在一切照旧的技术发展中，存在一个务实完整、局部一致、明确、认可、遵守的标准框架，这意味着工程师不需要进行伦理反思。工程师应该做的只是遵守这个标准框架。

最后，工程师带着公众的信任去设计产品和技术。如果存在一个标准规范框架，那么这就设定了某些界限，在界限范围内，对进行标准设计的工程师的信任是一种默认，而不是误置。规范框架有助于保持和发展基于组织机构的信任。而对设计产品的工程师的信任，其正当理由是：①工程师有善良的意图；②工程师有能力并且根据规范框架进行设计；③规范框架是适宜的，例如它符合格伦沃尔德的要求。

第三章
案例研究介绍

第一节　原　理　假　说

在第二章第三节介绍了威森蒂提出的设计层次结构和设计类型可以作为维度来描述设计过程的特征。根据威森蒂的观点，外部限制更多地存在于和激进设计相对的标准设计中，更多地存在于和高层次设计相对的低层次设计中。正如在第二章第三节第一部分所述，由于采用了标准配置和操作原理，所以在标准设计过程中，问题的解决空间受到了限制。而且，有关标准配置和操作原理的要求可能已经实施了。而在激进设计中，问题的解决空间则受限制较少，并且也较少实施既定要求来检验可能的解决方案。这或许意味着，在与标准设计相对的激进设计中，和在与高层次设计相对的低层次设计中，工程师不得不面对其他种类的伦理问题。基于这样的观点，形成原理假说（1a）和（1b）如下：

（1a）工程师所面对的伦理问题的种类取决于设计的类型和设计的层

次结构。

（1b）工程师应对这些伦理问题的方式取决于设计的类型和设计的层次结构。

在第二章第三节的第一和第二部分中，我介绍了规范框架观点和格伦沃尔德的标准框架观点。根据格伦沃尔德的观点，如果存在一个满足某些要求的标准框架，那么使用该标准框架就可以而且应该可以解决所有的伦理问题。假定格伦沃尔德的一切照旧的技术发展和标准设计指的是相似的工程实践，则有下列问题产生：工程师是利用规范框架去解决伦理问题吗？关于标准设计的规范框架满足格伦沃尔德提出的标准框架的要求吗？如果规范框架满足这些要求，即可将其视为标准框架，根据伦沃尔德的观点，这就可以使工程师不必进行伦理反思。在标准设计过程中，工程师应该利用规范框架对伦理问题做出决策。基于这些形成了下列原理假说：

（2a）在标准设计过程中，工程师利用规范框架来说明对伦理问题做出的决策。

（2b）这个规范框架满足格伦沃尔德理论的所有要求，因此是一个标准框架。

第二节　案例研究的选择

我根据威森蒂用设计类型和设计层次结构对设计过程特征的描述选择了案例。正如本书在第二章第三节的第一部分说明的，设计层次结构体现在几个层次上，如主要组成部件、零部件、装置、功能性的人工产品和系统。在本书中，我将排除社会技术系统这一层次，因为在这个系统的设计过程中会产生一些额外的问题。一个社会技术系统通常由不同的人工产品、组织、机构和在一起工作的个人组成。在这样的情况下，不仅要设计硬件，而且还要设计相关的组织和机构以及它们之间的关系。以高速列车系统为例，为了使高速列车运输成为可能，只有铁轨和列车是不够的，相关的因素，如时刻表、列车停靠的车站、交通控制、售票方式、与现有基础设施之间的连通方式、为适应高速列车的特殊技术要求而对司机进行的培训、保险等，所有这些都需要发展①。

选择的案例代表了在设计层次结构和设计类型中不同的设计情况。但很难找到能够说明极端化设计类型的设计过程，即设计过程的目标是设计一个全新的产品，或者甚至是产品类型似乎罕见的产品。被选用的激进设计过程是自由的，尽管其中也使用了一部分标准配置和工作原理。极端的标准设计等于选择了一个现成的解决方案，而无需进一步采取设计过程中通常应有的行动，例如，要求的制定和实施、概念的产生、概念的评估和细化。我对这种设计过程并不太感兴趣，因为其间仅做出一次决策，即只选择什么样的解决方案。一些设计过程，尤其是大型项目的设计过程，通常需要花费几年时间，或者被分成几个阶段来进行，各阶段之间有等待期，等待期间客户须考虑是否继续设计过程。在研究过程中，我对用作案例研究的设计过程的观察花费了几个月的时间，但是出于时间上的考虑，观察从问题的定义到产品的生产再到产品的使用这一完整的设计过程是不可能的。

精选以下四个案例：

（1）代尔夫特理工大学的荷兰 EVO 项目研究，即轻型可持续汽车的设计。该概念性设计，即生产一种重量是 400 千克，可搭载 4 个人及其行李的轿车，是一种激进的高水平的设计。标准设计的汽车平均重量为 1200 千克。由于荷兰 EVO 项目中的重量要求，必须重新考量汽车的标准配置和工作原理。

（2）石化工业管道和设备的设计。在这个案例研究中，研究了管道和压力容器的设计过程。在这个设计过程中，使用了管道与压力容器的工作原理和标准配置。这是一个标准设计，而且因其由零部件设计组成，也是低层次设计。

---

① 以大的社会技术系统方面的多数信息为例（Hughes, 1987; Hughes, 1983; Ottens et al., 2004; Kroes et al., 2004）。

（3）跨越阿姆斯特丹-莱茵运河（Amsredam-Rijnkanaal）的一座桥梁的设计。在这个案例研究中，研究了跨越一条运河的桥梁设计的初始设计阶段，这是在阿姆斯特丹市国营工程公司进行的。桥梁按照标准配置和工作原理设计成拱形。因为是关于大桥的整体设计，所以它属于高层次设计。

（4）运载沙土类物品的轻型敞口拖车的设计。在这个案例研究中，研究了轻型拖车的初始设计和可行性研究设计阶段，是在一家工程公司进行的。设计的拖车必须能与卡车联合使用，这样它是联合体的一部分，所以它属于中等或低层次的设计。拖车应该没有顶部，由复合材料制成，并且包含一个新的卸载系统。因为新的卸载系统和复合材料的使用，所以不能使用敞口拖车的标准配置，则该设计为激进设计。

将精选的案例研究根据设计类型和设计层次结构列于表3.1中。

表 3.1　精选的案例研究

项目	激进设计	标准设计
高层次设计	荷兰 EVO 轻型可持续轿车	桥
低层次设计	用于散装货物的轻型敞口拖车	用于石化工业的管道和设备设计

所有的案例研究均在荷兰进行。在层次结构的重要性、人们相互交往与交流的方式方面，各国之间似乎存在很大的差异。尽管人们对不同国家的不同商业文化已经进行了研究，并且在几种维度的不同范围内已经做出了一些成绩，但是关于不同文化对工程师如何应对伦理问题的影响，做一个合理的假设还是非常困难的（关于公司文化差异参见 Luegen-biehl，2004；Hampden-Turner and Trompenaars，1993；Hofstede，1991；Van der Vaart，2003）。甚至在北欧国家之间，人们也注意到了存在着较大的公司文化差异（Trompenaars and Hampden-Turner，1999；Hofstede，1991）。所以，不仅做出关于不同文化对工程师如何应对伦理问题的影响的假设相当困难，而且还有必要限制变量参数的数量，因为必要的案例研究数量会随着在案例研究中起作用的变量参数的数量的变化而增加（Yin，1989）。因此，我选择在荷兰进行所有的案例研究。

第三节　实证数据的获得

我跟踪研究荷兰 EVO 的设计团队已经一年多了（2000 年 6 月至2001 年 7 月），在各种会议期间进行了广泛的观察（参见附录1）。这个案例研究可以看做一项先导性研究，以便为整个研究提供思路。

管道和设备的案例研究采用访谈的形式来完成，包括与一家工程公司的工程师进行的访谈，与石化工业的工程师的访谈，与劳埃德公司鉴定处的督察的访谈，以及与一位顾问工程师的访谈，同时我阅读大量有关规则和法律的背景信息。访谈主要在 2002 年的 2 月到 5 月间进行（参见附录1）。因为工程公司的客户不允许外部人士去观察石化管道和设备安装的设计过程，所以无法观察设计团队所进行的设计工作。

桥梁的案例研究从 2004 年 1 月开始持续到 4 月。我主要对设计会议进行了观察，并且与相关的工程师以及建筑师进行了访谈（参见附录1）。

拖车设计过程也主要通过观察完成。观察期大致从 2003 年 3 月开始持续到 2003 年 8 月。工程公司为客户设计拖车，我对设计会议以及有客户参与的会议进行了观察，并与设计团队中的工程师和客户进行了访谈。

下列有关案例特征的实证数据，主要通过使用原理假说和参考在第二章第二节讨论的设计过程特征而获得。①设计问题；②设计类型；③设计层次结构；④规范框架：法律、规则、技术规范和标准、专业组织或者认证组织对这些法律法规的解释；⑤设计过程的阶段；⑥设计团队的组织（正式的或者非正式的）；⑦设计团队内部的社会过程。

本书未对管理者、工程师或者技术人员进行区分。设计团队中的任何一员都被视为设计者或者工程师，而不论他的教育背景是怎样的。我研究了设计团队的正式和非正式的组织形式，把经常参加设计会议的个人看做是非正式设计团队的一部分，正式设计团队则可以通过发布有关该组织的正式报告和信息在形式上重新构成。

本书在阐述案例研究的所有章节中（第四章至第七章），结构均是相

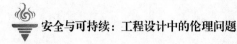

似的①。首先是描述设计问题、设计类型和设计层次结构。接下来论述设计过程的组织和背景信息。设计过程的背景包括能够构成规范框架的相关规范、标准和规则的描述，而且对工程师在设计过程中应对安全和可持续的问题的方式进行了详细描述。在最后部分，对实证研究结果进行了概述和讨论，其中对设计过程中使用的规范框架，用与格伦沃尔德提出的要求相比较的方式进行了讨论。

①　读者仅需阅读案例这章的最后部分，接续第八章和第九章。

第四章
荷兰 EVO 是否安全可持续？

安（Ryan）："我们不能继续使用安全气囊。"

几个成员："是，摆脱它们。"

大卫（Dave）："但是安全气囊仍然需要，你不能离开它们。"

安："那么，我们可以说我们认为它们没有用。"

托马斯（Thomas）："我们正想带着这个问题来参加讨论。"

皮特（Pete）："我可以问这种安全气囊的重量吗？"

大卫："我现在不想讨论这个问题，我们不得不看看如果它们有作用，它们是怎样工作的。如果它们不工作，那么我们将继续带着这个问题来讨论。"

安："除了安全气囊和 ABS，你们需要泵和计算机系统，这将迅速提高轿车的总重量。"

上述例子重现了反对在轻型轿车中安装气囊的论点。轿车因为型式轻小被赋予了可持续的目的。尽管工程师们中的某一个人不想讨论重量，但它仍然是一个重要的问题，因为包括各种被动或主动的安全系统都会使轿车变重。这个例子证明在安全和可持续之间需要做出权衡，它将在荷兰 EVO 项目中被讨论并做出权衡。

以下将描述一辆轻型可持续轿车设计的过程。我已经在第二章和第三章中揭示，回答工程师们在设计过程中解决伦理问题时什么信息是必要的。在这一章和接下来一章的其他案例中，将介绍这个信息。在第四章第一节描述设计过程的目标、设计过程的类型和背景。在第四章第二节描述设计团队和它是怎样组织的，这一部分包括描述一个项目所采用的决策方法。我在第四章第三节到第五节中聚焦轿车设计所考虑的安全和可持续的伦理问题。仅仅在荷兰，一年大约有 1000 人死于交通事故（Statline，2003），他们当中大约一半是行人或者轿车的驾驶员。不仅是在轿车里的人被夺走生命，而且轿车对行人、骑自行车的人以及在街道上玩耍的小孩都构成了危险。轿车的可持续是具有伦理关联性的问题，因为在使用中的轿车的总数和轿车使用者可驾驶的路程公里数是给定的。每公里使用的能量的减少能对全球二氧化碳的排放和非可再生能源的利用有一个较大的影响。在这个设计过程中，困难的是将安全和可持续结合起来，在采取使轿车安全的诸多措施时却很少关注可持续。这个案例得出的结果将在第六节总结。

第一节　一种轻型家庭轿车

代尔夫特国际研究中心（DIOC，此处为荷兰语：Delftse Interfacul-taire Onderzoeks Centra 的缩写，英语译为：Delft Interfaculatry Research Centres）于 1996 年成立，其任务是进行"目的在于解决急迫的社会问题的应用性多学科研究"（www. smartproductsystems. tudelft. nl）。

他们对 10 个跨学科技术主题进行了诸多研究。代尔夫特国际研究中心 I6 的研究主题是"基于复杂性工业过程的优化模式"研究，它于 1998

年 2 月发起对"智能产品系统"进行研究的倡议。这项研究的主题是生命周期效率：能够以最小浪费和最大循环利用的原材料的食物生产，以及电子和其他工业组件的重复利用。荷兰 EVO 项目作为代尔夫特国际研究中心 I6 的一部分于 1998 年 11 月开始进行。参与研究的有应用地球科学、工业设计工程、电子工程、航空航天工程、代尔夫特微电子学、微米技术和机械工程研究所等团队。荷兰 EVO 项目的目标是发展能够使可持续产品开发成为可能的知识基础，使用生产一种轻型可持续轿车的概念作为开发这些技术的基础，这种轿车被称为荷兰 EVO（www. smart-productsystems. tudelft. nl）。

在项目中可以描述的其他目标是，代尔夫特理工大学通过证明其能够设计一种轿车既实现技术可持续，也实现情感可持续（参见第四节），并提出在社会和轿车工业内部需要开始进行关于可持续轿车的讨论。项目参与者想证明轿车工业是可以设计可持续的、非常轻型的（质量小于 400 千克）、能够负担得起生产成本的轿车。因为团队中某些成员将开发物理原型轿车作为目标，而对于其他人来说该项目被看做是一种提供科学论文的方式，提供物理原型轿车是附带的目标。

这个案例的背景非常特别，设计过程是一个大学的项目。目标之一是科研论文的出版物，另一个目标是推广代尔夫特理工大学以第三方需要产生的一个更可持续的技术概念。荷兰 EVO 设计团队和大学并没有开发一种轿车、生产它或者销售它的目标。因此，工程师们有明确的自由度去改变作为项目程序的要求。如果这种轿车在不久的将来被设计在欧洲的道路上使用，那么设计的限制将变得更加严格。这样的限制包括价格、现存的法律、外形、销售和品牌系列的理由，所有这些在商务轿车设计中都起着重大作用。在荷兰 EVO 案例中，这些争论没有作用。

我在 2000 年 5 月开始研究荷兰 EVO 项目这个案例。在开始后的一年，我不得不依赖于现有文件和访谈来获得项目开始时的信息。

设计要求

设计要求的哪些方面在名为"荷兰 EVO，一种超轻型可持续概念轿车的开发"的设计文件中作为组成部分已经被引述（Knoppert and Pro-

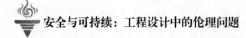

celijn，1999），这个设计文件在设计工作开始之后写成。项目的初始目标是：

——为了设计一种可持续的紧凑型的家庭轿车，2009 年后在西欧及周边国家中使用；

——为了证明创造一种可持续的和可支付得起的轿车用于批量生产是可能的；

——通过现有的设计、外形、结构和生产理念来设计一种不受限制的运输手段；

——创造一种完整的设计并且在质量、安全、成本、体积和舒适等方面以一种秩序排出优先条件。

表 4.1　荷兰 EVO 设计要求列表

乘客和载重	4 个人加上行李
车辆使用周期	200 公里或者 15 年
引擎	前部 20 千瓦 Otto 4 个敲击涡轮增压引擎*
前悬架	麦弗逊式悬架
后悬架	横臂式悬架
门	3
法律和标准	欧洲
质量	400 千克
有效载荷	352 千克
一年基准量	1000 000 台
居民消费价格	12 000 欧元
全负载时的最大速度	每小时 130 公里
最快加速时间（0～100 公里/小时）	25 秒
燃料消耗	每 100 公里 2.5 升
最大行车距离	400（＋100）公里
内部高度	1150 毫米
外部长度	3300 毫米
外部宽度	1550 毫米
外部高度	1570 毫米
离地间隙	400 毫米
轮基长度	2500 毫米
车轮跨度	1415 毫米
车轮	R15/80/135
轮拱	R325
轮弯半径	10 000 毫米

续表

气动阻力系数	0.25
额叶区	1.8 平方米
综合发展区	0.45 平方毫米

＊后来在设计过程中已经决定这种引擎应该结合轻型混合动力系统以用来恢复制动能量。
(Knoppert and Procelijn, 1999)

基于在表 4.1 中给定的设计要求，设计过程可以划分为高水平设计和激进设计，这种划分的理由将在下面讨论。当下，欧洲家庭轿车通常重量大约是 1200 千克，即使是两个座椅的"智能"（Smart）型轿车也有一个 720 千克的净质量。生产一种少于 400 千克净质量的可持续轿车的设计要求是激进设计要做的，这在功能方式上是一种激进设计。在结构性方式上，标准配置是否能够使用尚不确定，标准配置的一部分是否使用是在设计过程期间必须决定的事情。

产生出一个概念或者一个完整产品的原型是一个高水平的设计过程。在低水平的情况下，尤其是在组件水平上，一些部分可以采用现存的部分，其余部分将需要做特别设计。例如，在设计过程期间，决定考虑使用现存的一种引擎（轿车或者摩托车引擎），因为开发一种新的引擎将需要太长的时间和花费巨大的成本消费。根据荷兰 EVO 设计团队的意见，这种引擎能够与一种轻型动力系统混合使用以恢复制动能量。在设计过程中做出一种荷兰 EVO 的素描，见图 4.1。

图 4.1 荷兰 EVO 的素描

注：图片由荷兰 EVO 设计团队提供。

第二节 设 计 团 队

荷兰 EVO 案例研究中的设计团队是一个大的流动性组织。学生们参与一年或者不足一年，小组成员不断地发生改变。在我观察设计团队期间，总计 17 人积极地参与了设计过程。当我观察这个小组时，这些参与设计的多数人都被列在附录 2 中，附录 2 的记录中包括当他们参与荷兰 EVO 项目时，他们的教育背景和受教育时间。

在设计过程中许多不同的大学组织参与设计，存在着三个正式的亚群体，涉及项目的下列内容：

1）荷兰 EVO（荷兰埃沃莫）原型研究。

2）探索汽车使用的现代材料应用。

3）一种先进的轻型车体结构的影响和安全。

（www. smartproductsys- tems. tudelft. nl）

第一个小组关注设计团队所谓的哲学和包装，第二个小组关注生物可降解性塑料的开发，第三个小组关注轿车的基础结构和安全性。这种划分是基于正式参与项目的不同部门做出的。来自航空航天工程的一组人员负责安全性设计和建造。包装和哲学亚群以及生物可降解性塑料亚群都被设置在工业设计部。任何一个正式参与的部门都有义务在项目中投入人力和时间成本。在文件和网站上可以发现正式的组织机构，但观察到的非正式组织看起来则有所不同（www. smartpro- ductsystems. tudelft. nl）。

非正式组织在图 4.2 中显示，这个图是基于观察得到的。其特征是小组在组成上是稳定的，而这并非一个事实。学生们为了他们的硕士或学士学位论文而加入，当论文完成以后学生就会离开。小组的主题是稳定的。他们总是有一些人为这个主题而工作，并且他们用他们前任的结果推进项目的研究。

在图 4.2 中我已经在团队成员和顾问之间做了区分。团队成员实际参与设计过程并出席设计会议。从 2000 年 7 月到 2001 年 11 月，这些设计会议解决设计问题并且每两个星期举行一次。在会议期结束之后，项目负责人托马斯认为它是必要的，所以还要召开会议。团队成员通常来到项目会议室与团队中的其他成员进行讨论。团队成员、顾问和代尔夫特理工大学的职员参加项目会议。这些会议包括计划设计活动，讨论财务并且通常有一些设计部分的介绍。项目会议一般一年组织 10 次。

托马斯、大卫和皮特是项目的核心成员。大卫和皮特确定多数的项目，并且从开始一直为项目工作。托马斯是后来在 2000 年 5 月加入并作为项目负责人来协调设计过程。托马斯、大卫和皮特指导了多数学生。大卫指导学生研究安全性和建造工作。皮特在包装和哲学方面做了许多工作。在包装和哲学组，一些工程师为项目工作了几个月。斯考特（Scot）和一些学生为人机工程学项目工作。传动系统和悬架多数情况下由一个来自 HTS 自动技术学院具有汽车工程领域学士学位的学生完成。这些学生总是成对的工作，而且每个人做荷兰 EVO 项目的时间仅仅是三个月。因此，传动系统和悬架的亚群会在整个项目中快速地和不断地改变。

大部分的博士研究生是顾问——卡廷卡（Katinka）、爱琳达（Alexander）、苏珊（Susan）和安尼（Anne）没有真正地参与到设计中①。他们认为荷兰 EVO 是他们科学研究中的一个案例。他们在项目会议上提供了信息，例如可回收性研究的报告。卡廷卡、爱琳达本应该依照正式的组织规定真正地参与设计过程，而在现实中，他们扮演了顾问角色而不是团队成员角色。

在访谈时，团队成员指出他们感到担负的责任与他们的任务描述是一致的。在顾问角色的那些人中，他们认为应该负责给出好的建议。学生们知道有关于自己任务的清晰描述，他们有信心是因为他们知道自己不得不做什么和他们将期待团队其他成员做什么。学生们通常承担设计

---

① 大卫在项目开始时是一个博士生，在项目期间他晋升为讲师；埃蒂在设计项目中是一个博士生。

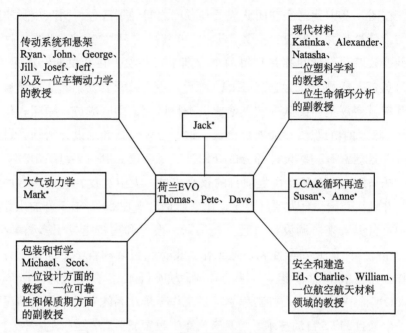

图 4.2　荷兰 EVO 设计团队

﹡表示顾问，其他为团队成员。荷兰 EVO 设计团队中，托马斯、大卫和皮特是核心，他们协调和使用来自其他组人员的信息，在不同组的成员之间也有一些直接的联系，但是多数情况下的联系还是由托马斯、大卫和皮特来组织。

轿车某一部分的任务，如悬架或者轿车底部。这些任务描述由导师在与学生合作他们的硕士或者学士论文项目开始的时候给出。任务描述由学生们所期待达到的任务目标、时间表和导师的名字组成。设计过程被分割成许多小的项目，并指派不同的人负责，责任人感到为完成项目似乎分散了责任。学生们仅能够感到他们对正在设计的那部分项目负有责任。

大卫、埃蒂、皮特和托马斯与顾问及学生们的情况正好相反，他们的任务描述是含糊的。作为一个结果，相对于其他团队成员来讲他们的任务是什么是不明确的。所以，他们感到他们似乎负责全部项目。

在访谈中，托马斯、皮特和查理声称他们感到应该负责在所有团队成员之间进行交流，不同团队成员之间彼此交流是非常重要的。轿车一部分的相关决策将影响其他部分的设计，并且由于团队组成人员之间的快速改变，要跟踪谁参与设计轿车的哪一部分是十分困难的。在时间上，查理正在做他的硕士论文项目，并且经常在团队之间进行交流，团队成员都清楚其他人正在做什么。成员在多数主题方面也有讨论，虽然这不完全是由于查理，但是他确实在促进成员之间的交流方面起到了较大的作用。在查理完成他硕士论文期间，一些工作人员考虑到所有的会议花费的时间成本太高，于是决定小组会议不再定期举办。如果没有定期会议，则只有托马斯和大卫能够得到一个正在进行的项目的概况。

没有正式的决策组织，团队成员能够非正式地自己决定细节。这些细节在展示时被介绍给其他的团队成员，并且设计团队成员也能够评论这些细节，较大的问题可以在团队中讨论。

　　威廉："就我所知，我计算或者设计一些事情并且和大卫、埃蒂一起讨论，如果他们认为没有问题，那么就决定。"

　　查理："我们在某种粗略的想法上一起做决定，我已经选择了向其他团队成员咨询。"

作为决策过程的一部分，有必要通知哪一种决策正在被执行及决策所依赖的信息基础。团队成员怎样能够被更好地通知，并且通知他们的同事，关于他们正在进行的事情似乎依赖于承诺。努力去获得特别设计任务的相关信息不得不连续进行，因为设计团队和设计本身在连续不断地改变。一些团队成员没有完成他正在进行的工作报告就退出团队，这使得其他团队成员期待用其结果几乎是不可能的。

如果成员对团队没有承诺，并且不能够专注同一目标，那么就存在一定风险，他们不清楚其他人正在做什么和在某些项目会议上介绍的是什么。他们就会对谁正在做什么、什么时间做，以及哪一个决定已经做出或者将在几个星期内做出失去洞察。为了能够参与决策过程，团队成员需要投入时间与其他团队成员进行交流。卡廷卡、爱琳达是正式团队成员，但是他们仅仅出席了某些项目会议，除了在项目会议期间，他们没有经常地与项目成员进行交流。作为这种限制性交流的结果，卡廷卡、爱琳达没有真正地参与全部的设计项目，没有意识到怎样做决策和什么时间决策。卡廷卡、爱琳达的主要目的是写关于生物可降解性塑料和可循环设计的研究论文，荷兰 EVO 刚好是他们做的一个案例研究。

决策不受层次命令，在认为有层次的不同团队成员之间存在着联系，因为某些团队成员对另一些团队成员扮演着导师的角色。尽管在学生和他们的导师之间有一种等级关系，但这也不是真正明确的，在决策过程中每一个人似乎都有一个平等的声音。

项目负责人托马斯负责指导团队成员的决策过程，并且他感到要负责检查在决策中所有相关方面的团队成员。在决策过程中，项目负责人的作用是显而易见的。他询问关于过程和争论的问题，尤其考虑荷兰 EVO 可持续性的思想。他有时通过说"如果你已经认识它或者说它是可能的，那么我们将以这种方式来做"来结束一个讨论。尽管托马斯在技术选择上不做决定，但是他处于作为项目负责人的核心位置。他有项目概览并且知道团队成员正在做什么。托马斯清楚明确的决策已经做出，而其他团队成员并不总是知道他们的同事在做什么。托马斯也知道项目的财务状况，他知道明确的想法是否是可能的，并给出他们已经分配的预算。这一点给了项目负责人特殊的位置，因为他已经获得了至关重要的信息。

在前文中我已经描述了决策过程。现在我将聚焦荷兰 EVO 设计过程中使用的论点。在过程开始时决定的最初要求似乎随着时间的推移获得了权威。像"轻型"和"充满乐趣驾驶"的要求被认为是不言自明的。根据团队的观点，"充满乐趣驾驶"意味着在轿车上有一个使人感到颠簸和兴奋而不会导致身体不适的乘车装置。

> 皮特："我想与赛车有良好的接触但不受伤或受到击打，没有头痛感觉。斯巴达车（Spartan ride，Spartan 是车辆的一种发动机控制系统——译者注）并不损伤肾脏。"

如果一个选项被认为是"充满乐趣驾驶"或者是有乐趣，那么，它就是在设计中被使用的那个选项的论据。在下面关于天窗的讨论中可以看到选项只为娱乐是不充分的，但娱乐被认为是选项的强有力的论据。

> 大卫："为什么车有天窗？"

皮特："这是乐趣，太阳能够进来。"

米切尔（Michael）："为了把它传输给……"

托马斯："仅有乐趣是不够的。"

另一个重要的例子是设计一种乐趣驱动轿车，轿车悬架选择的类型是以所用的旧版 Mini Cooper 车模为基础的，因为 Mini Cooper 被认为是乐趣驱动轿车。即使在材料的选择上，乐趣被认为是所用材料的有力的论据。

大卫："你可以用复合材料做更好的事情，你可以用玻璃纤维做有趣的事情。"

新的团队成员接受像"充满乐趣驾驶"和"轻型"这样的标准时不会有许多问题和质疑。如果新团队成员质疑这些想法，他们将很容易被老团队成员说服接受这些思想。同样，所需的有力示例随着时间的推移而获得，如下例所示。在我正式开始跟进项目之后大约一年的时候，质疑标准轻型和作为可持续方法的情感可持续不再可行（情感可持续的解释参见第四节）。即使在可持续之间存在矛盾，情感可持续通常也能被理解并且清楚可持续意味着什么。一些项目会议由某些来自项目团队之外的人参加，一个电力或者氢燃料汽车是否更具可持续性的问题会在某种情况下引发讨论，答案通常是氢燃料汽车不可行，并且在介绍数据中考虑到电力汽车太重，会消耗太多资源和太多的能量。依据设计团队的想法，一种轻型轿车是可行的和更可持续的。某些团队成员以及来自团队外部的多数人都会发现"情感可持续"这个术语很含糊，并且不知道它意味着什么，由此延续了他们开始时的讨论[1]。

工程师个人的经验在设计过程中争论如何做决策起着巨大的作用。轿车安全性的概念是基于工程师们的经验（参见第三节）。乔治和吉尔设计悬架的概念，他们两个都有 Mini Cooper 车模方面的经验，并且他们认

---

① 在访谈中，某些学生说他们不理解情感可持续意味着什么（参见第四节）。

为这些车的悬架简单、轻巧和优雅，使得他们乐于驾驶。乔治和吉尔进行了一个多样性分析，因为他们担心他们可能在选择基于 Mini Cooper 的基本悬架时存在偏见。作为以 Mini Cooper 悬架为基础选择悬架，结果仍然是为乐趣驾驶和一个轻型轿车驾驶选择的悬架。下面是另一个在设计过程中个人经验为设计选择提供论据的例子。托马斯是设计团队中唯一有小孩的成员，荷兰 EVO 被设计为可以乘坐两个成年人和后座有两个小孩的车型。托马斯时常强调应该为后座上的小孩做限定。以一次讨论使用丝织物做车门为例。

> 托马斯："会有通风，后座上有小孩。"

托马斯也有几次指出轿车不应该有临危感，因为作为父亲，不想将他的孩子放置在感觉不安全的轿车里。因此，丝织物车门对风的反应是作为一个父亲所不能接受的。其他团队成员中没有人提及小孩要坐在后座上。

第三节　安全对于一辆车意味着什么?

正如引言中揭示的，我认为安全是一个与伦理相关的问题。在荷兰 EVO 案例研究中，安全是一个非常重要的问题。在轿车工业中，轿车的安全通常定义为遵守相关的法律并很好地履行了特定的撞击试验。今天，一个安全轿车是这样的一种轿车，即如果它以每小时 64 公里的速度撞击到墙体时，它可以保护乘员免受严重的损伤和死亡。这种情况通过设计安全厢体和使用安全气囊来实现。目前，"最安全"的轿车是由欧洲 NCAP 检测的，欧洲 NCAP 是不同于欧洲消费者和政府组织的联合体。最安全的轿车包括下列安全装置：双前安全气囊（前座成员的气囊）、胸侧安全气囊、头部保护气囊（防护物）、所有安全带的负荷限制器、为司机安全带设置的双预拉紧器、为前座乘客安全带准备的扣环预拉紧器、为后座外腰安全带准备的拉钩预拉紧器、三点中心安全带和防锁制动系统（anti-lock braking system，ABS)[1]。正如我在参与荷兰 EVO 项目期间观察到的，安全可以指轿车设计和使用状态中五种不同的方面。

一、主动安全

荷兰 EVO 设计团队所使用的定义，主动安全是为了防止事故发生。今天，这种保护已经通过包括所有种类的主动安全系统，例如，防锁制动系统、夜间可视等实现。设计团队认为，防止事故时这些系统并不确实有效。依照设计团队的观点，驾驶员或许高估了他们的驾驶能力，并会尝试感知连续发生的风险。在团队的想法中，包括主动安全的措施将会导致更多的超速驾驶和事故。此外，像防锁制动系统自身质量是很重的，因为它们需要泵等设备。因此，要设计一个包括防锁制动系统并且仍然要有一个少于 400 千克的轿车蓝本是困难的。为防止事故，设计团队首选的另一种方式就是改变驾驶员的行为。驾驶员负有安全驾驶的责任，团队想让驾驶员体会到一点不安全感。但是，他们没有讨论涉及安全装置和使驾驶员负责的问题[2]。

在他们"不包括安全系统能使一个司机驾驶更加小心"观点的背后，他们并没有大量论证或者证据。大卫正在为荷兰 EVO 提供安全的概念，他已经做了一些文献研究，而没做使驾驶员更安全的研究，因为他认为临危感似乎主要是基于个人经验和直觉。一个硕士研究生做了文献调研的主要部分，得出的文献仅是间接地支持这样的陈述结论。如果一个驾驶员有临危感，他或者她的驾驶就会更安全。做了文献调研的该硕士研究生不是设计团队的一部分，她没有被介绍给设计团队，而且她与设计团队之间也没有接触。她的文献调研是在没有荷兰 EVO 设计团队拥有的

---

① 信息来自 http：//www.euroncap.com，2002 年 5 月 22 日获得。当新模型被试验时，最安全的轿车和系统将发生改变，然而，目前的趋势是更多的系统和气囊被纳入测试系统中，检测的效果更好，气囊和系统的列表也因此变得更长。

② 在这一点上，他们似乎忘记了其他的驾驶员。如果一个驾驶员正在负责任地驾驶，他或她仍然可能被酣睡或醉酒的其他驾驶员伤害。

指导思想的支持下独自做出的。那么，文献调研将作为对荷兰 EVO 项目中指导思想的一个检验。然而，大卫（作为该硕士研究生的导师）认为，在不具有团队对荷兰 EVO 在安全方面指导思想的情况下，做完全的文献调研是值得商榷的。

在我观察设计团队期间，关于轿车安全的思想没有在设计团队内部讨论。关于安全的概念似乎也不再被开放地讨论。加入团队的学生和其他人接受这个概念而没有任何明显的质疑。使驾驶员有临危感的想法有益于交通安全。被观察到的有关安全的所有讨论都涉及类似列入和没有列入的气囊袋这样的特殊实践问题。

二、被动安全

按照设计团队所使用的定义，被动安全是指在事故发生时将减少损害。在事故发生的情况下减少损害，设计团队成员给出两种理由。第一个理由是根据经济学基础试图使轿车被动安全。如果在轿车设计时没有考虑被动安全，事故造成的损害和伤害的成本将太高。为达到优良的被动安全，第二个理由涉及设计安全轿车的工程师的责任。设计团队的某些人认为，工程师应该负责设计一种在撞击事件中能够保护乘客和驾驶员安全的轿车。

当遇到要决定在轿车设计过程中是否包括被动安全系统时，这些不同的理由会导致观点的差异。如果包括被动安全系统是一个经济学理由，那么成本-效益分析会被用于决定是否必须包括一个系统。然而，这要求货币价值被置于轿车撞击受害者失去生命和在轿车撞击中可能引起的损害类型的鉴别之上。这些货币价值总是任意到某种程度，住院的成本能够被估计，而承受痛苦的价格太难估计。如果你认为一个工程师负责设计一种用来保护人们的轿车，那么成本-效益分析的使用就会是有问题的。在项目会议期间有一个讨论，其中一个专注可靠性的讲师不同意在关涉安全问题上使用成本-效益分析。依他的观点，把金钱放置在人的生命之上是不恰当的。他认为以这种安全系统的成本和解救人生命的成本的比较为基础来决定包括被动安全系统是不可能的。

副教授："挽救一个人的生命能值多少百万？你无法表达对一个人生命而言的可变成本。"

　　托马斯："在原则上我同意，但怎样工作？"

　　大卫："在航空航天领域，我们按照成本-效益分析方法进行计算。"

　　讨论结束后不再进行下一次讨论。由托马斯和大卫提出的论点似乎暗示一种自然主义的谬误：它通常是这样做，因此它应该这样做。在其余的介绍中，"不可持续性的成本，如轿车事故中死亡、伤害、失去劳动能力、油的溢漏"被介绍，没有人反对将货币的价值置于人的生命之上，并且以在道路上除油的成本来比较这一点①。

　　项目团队正在设计一种轻型轿车的事实降低了被动安全性，因为轻型轿车在与一个重型轿车相撞时会有一个更高的加速度。这是一个自然法则，并且不能够被防止。然而以这样的一种方式改变轿车的设计是可能的，即撞击对轿车里的驾驶员和乘客引起较小的损害。一种防止损害的方式就是用气囊；另一种方式称为撞击相容性。撞击到较小的轻型轿车的一个重型轿车已经有了一个较低加速度的优势。通常重型轿车也是刚性很强的，并且比小的轻型轿车有更少的变形。重型轿车利用了轻型轿车的一个变形区。这种情况对轻型轿车损害甚至更大，并且提高了轻型轿车中的人损伤和死亡的概率。如果较重的车是一种多功能特种车辆（multiple purpose vehicle，MPV）或者是运动型多用途厢体（sports utility vehicle，SUV），那么，在多数情况下它也有一个大的离地间隙，因为僵硬的承重结构比较小车的承重结构会离地面较高。因此，重型轿车将会使受撞击小车的承载结构崩溃。例如，它将撞入门里而不会撞入侧面的车身底板。这进一步减少了在较小的轻型的轿车里乘员免遭撞击的机会。在撞击中使轻型车更安全的方式是，改变它的设计使重型轿车撞击进入承载结构。这就是所谓的撞击相容性。在前述的观点中可以确

---

　　① 注意，在这个介绍中，死亡被认为是交通不可持续的一部分，包括死亡和受伤害人们的不可持续术语的使用得到重视。

定荷兰 EVO 的底板较高，所以在撞击事件中，迎头而来的轿车将被撞入到承载底板中。

包括越来越多的被动安全系统（安全带、气囊）都将根据设计团队的要求提升安全性，因而也将导致对驾驶员和轿车性能的高估。所以，设计团队想要评估所有现有的至关重要的被动安全系统，而不是想要评估被动安全系统的全部。在设计团队当中，关于包括什么被动安全系统有一些不同的观点，尤其是关于气囊。气囊的使用会增加重量，在气囊问题上的讨论在这一章中已经介绍。在引语中可以看出，对某些团队成员而言轻型标准更重要。因此，在安全和轻型之间做权衡，对他们而言，系统的质量是决定性的。相反，大卫不想做一个基于系统的质量考虑为基础列入被动安全系统的决定。他想要做一个为防止死亡和损伤，以系统的效率为基础的决定。

三、伙伴保护

对路面上的其他人的保护通常被叫做伙伴保护。对其他道路使用者的保护最近已经开始从政府组织和轿车工业方面获得更多关注。最近，欧洲 NCAP 开始检测新的轿车模型在行人专用区的影响情况。在这些检测中，多数轿车没能得到较好的评分。它们的评分是 1 星级或者 2 星级，4 星级是评分的最高星级。在检测时，仅有极少的轿车模型在新的行人影响试验中被评为 3 星级[①]，而一些跑车和大型越野车在行人专用区影响极差。关于伙伴保护和行人专用区的新欧洲规则在 2010 年生效。

在团队中似乎有这样一个共识，即试图防止行人和骑自行车的人受伤和死亡是驾驶员的初始责任。尽管他们考虑驾驶员负责驾驶安全，设计团队认为他们更应该牢记类似骑自行车的人和行人这些道路使用者更为脆弱。在 2010 年规则生效之前托马斯有一些经验，因为他已经在一个工程公司工作做了一个项目——遵守这种建议性的规则设计一个原型轿

---

① 　来自欧洲 NCAP 的信息，2004 年 1 月 15 日从 http：//www.euroncap.com 获得。行人专用区影响试验在 2002 年 1 月改变。旧的试验分数依照欧洲 NCAP 新试验分数是无可比性的（incomparable）。

车。他在讨论中，高底盘对行人的影响需要利用计算机模拟加以研究的话题被多次提到。就我所知，这还尚未进行。

> 托马斯："……但可以有不同的建设性部分，尤其注意对行人的影响，可以用仿真技术。"
>
> 皮特："是的，可以仿真。"
>
> 大卫："在那一刻，没有理由去改变几何图形，对行人的影响仍然需要模拟。"

四、汽车安全

汽车偷盗，储藏在汽车里的东西被盗或者武力劫车在多数欧洲国家都是常见的事件。这种情况在某些时候被设计团队忽视。在托马斯给来自雷诺汽车公司的一些人做了介绍之后，他在这个问题上收到了一些询问。这或许是特别的问题，因为设计团队建议在轿车门的非承载部分使用丝织物，那么，破门进入荷兰 EVO 将是容易的事情。

五、规则

在设计会议观察期间，很显然设计团队处理安全规则的方式十分暧昧。下列给出的引语是在对规则和荷兰 EVO 讨论时的松散片断。

> 查理："一般情况下你应该遵守规则。不遵守规则你就需要做非常强烈的争辩。"
>
> 大卫："如果规则说到这一点，我有时认为这些规则是地狱。"
>
> 托马斯："你不得不挑战这些规则，规则倾向于滞后。"

某些规则用于指导设计过程并且被团队成员看做是具有智慧的人们已经应用于实践很久的经验，所以，他们努力遵守这些规则。例如，设计团队认为照明和视角的规则应该遵守。设计团队也认为多数规则应该关注一个概念轿车的现实性。

　　大卫："规则是设计过程的指南……它们指导我们如何拥有
一个现实的轿车，因此你要把这些规则作为指南。你也可以考
虑其他事情，但想要现实的轿车，规则是容易做到的并且是好
经验。"

　　然而，一些规则被认为是愚蠢的并且是无效的，而且团队感到这
些规则应该受到挑战。例如，撞击安全规则的案例。团队认为强制性
撞击试验是低效率的，多数实际的撞击并不类似于撞击试验的情况。
多数死亡是由于超速并且以每小时 80 公里或更大的速度撞击到一棵
树、灯柱或者其他固态物体上造成的。以每小时 64 公里撞到墙上的
标准撞击试验与撞到树上的状况是非常不同的，根据设计团队的观
点，挑战撞击安全规则仅仅能够在优良的论证中实现。

第四节　废旧车灯是否扔掉

　　设计团队使用的可持续的定义是世界环境和发展委员会、布伦特兰
委员会使用的定义（WCED，1987）。这个委员会定义可持续发展是指既
满足当代人的需要，又不因满足他们自己的需要而损害未来一代发展的
能力。在这个定义中有两个重要方面。

　　（1）"需要"的概念，尤其是世界上低收入者的基本需要，是压倒一
切的优先考虑对象。

　　（2）以环境承载能力为基础对技术状况和社会组织强加限制，以满
足当代和未来的需要。

　　可持续的一个明确定义的选择不是伦理的中庸，因为这样一个选择
是包含某些作为道德权利共同体的一部分的一种选择。在使用布伦特兰
定义时，存在一个选择在自然和资源保护方面的人类中心主义观点。在
自然人类中心主义的视野中，人类仅具有内在价值和道德权利。自然对
人类而言仅有一种工具价值，它能够帮助人类生存和蓬勃发展：在人类
中心主义的视野中，自然保护的目的在于确保未来一代人能够比当前一

代人有可比较的和更好的生活状况。

在我开始下列项目之前，关于个人交通工具是否是可持续的讨论已经发生。事实是考虑布伦特兰定义，就难以为设计一个城市轿车作辩护。在城市中通常有足够的交通使用形式，如自行车、公共交通工具，它们比驾驶一个小轿车消耗的资源少。荷兰 EVO 团队决定人们应该被引导使其行为更具可持续性，又不影响个人的流动性。所以一个更可持续的轿车将引领一个更可持续的世界，并且这一点可以用今天的技术来实现。设计团队认为试图去说服人们使用其他形式的交通工具不是有效的办法，因为在荷兰轿车的驾驶里程数仍然在提高。

大卫撰写了供设计团队内部使用的关于可持续的大部分文件，他指出自己只了解布伦特兰的可持续定义，并没有意识到在可持续上也有一个非人类中心主义的观点。布伦特兰定义与团队成员的思想是一致的，在访谈中，很显然所有的团队成员在自然保护方面都拥护人类中心主义的观点并且考虑了未来一代的需要。

　　托马斯："很好，你设想了人类的连续性。"

　　大卫："基础恰恰来自《布伦特兰报告》的定义，它关照我们可以给未来一代提供我们现在拥有的机会。"

布伦特兰定义的一个重要特征是可持续发展将导致欠发达国家和地区的状况变得更好。在为欧洲设计的一个家庭轿车中贯彻这一点，是很困难的。布伦特兰定义的特征并没有被所有团队成员认可，或许就是这个理由。

定义的操作以两种方式进行。团队区分了技术可持续和情感可持续。对团队成员而言，重要的是作可持续性测量的技术部分。团队想要以一种可量化方式表达技术的可持续，因为这一点在可选择项之间可以作比较。因此，他们用了能量平衡概念作为测量的一个单位。为了使一个产品获得能量平衡，在产品的生产、使用和处理过程中，使用的所有能源都是加起来计算的；其他的平衡（如生态平衡）要求考量气体排放和噪声阻隔。重量因素需要确定，并且不同的效果也需要附加以获得一个可持续性的措施。大卫认为这样的事情是主题性的，并且首选不得不在这样的问题上做出决定，如气体排放或噪声阻隔，哪个是糟糕的。他除了主张气体排放涉及能源使用之外，依他的观点，递减的能源使用纳入递减的气体排放之中。因此，技术的可持续性在能源消耗方面得以实现。

2000 年的夏天和秋天，设计团队对轿车的质量有了更多的强调。轿车质量和能源消耗有非常强的相关性，因为在使用过程中轿车质量与能源消耗有明显的影响，但它不是在使用过程中影响能源消耗的唯一因素。空气动力学外形、发动机技术和滚动阻力都在能源消耗中起着重要的作用，设计团队有时忽略了这些因素。

查理："轿车的可持续性尤其表现在质量和燃料的使用上。"

后来在设计项目的时候，重点从关注轿车质量转向关注能源消耗，影响能源使用的因素例如，空气动力和循环再造的可能性有时也会被考虑进来。然而，循环再造是次等优先级，因为团队的最初目的是轻型轿车。欧洲的法律已经准备使制造者生产可循环再造的轿车。在未来，用于轿车的制造材料 95％会是可循环再造的材料（2000/53/EC）[①]。荷兰EVO 团队并没有将目的放在遵守这个百分比上，他们选择一种"用后即抛弃"的非常轻型的轿车而不是一个能够被循环再造的重型铸铁轿车。他们希望其研究能够证明这样的轻型轿车比能循环再造的重型轿车对环境更好。当然，设计团队对循环再造也有一些关注，因为安尼（Ann）和苏珊（Susan）两个人都是项目的顾问，而且正在做与轿车循环有关的博士项目。然而，案例仅研究容易循环再造的部分，而这部分不是明显重于难以回收的轻型部分。设计团队认为循环再造重要的部分是轿车下部结构。桥车下部结构由铝和泡沫铝制成，无论何时使用两个指南，通常认为，在工程中铝是容易循环再造的。第一个指南是变形铝和铸造铝不

---

① 可循环再造材料占轿车总质量的 95％，一个重型铸铁轿车很容易遵守这个法律。当内部装饰、电子导线、电池和危险的化学药品被移出时，钢结构和主体部分可以被融化和再利用。当设计一个较轻轿车时，遵守法律更难因为循环再造难，内部装饰、电子导线、电池组成高于轿车质量 5％的部分。相对容易循环的车身板和厢体结构比重型轿车里的这部分要低（de Kanter and Van Gorp，2002）。

应该一起使用。如果变形铝（更纯净、较少的合金元素和污染物）与铸造铝（较少的纯净、较多合金元素和污染物）一起循环再造，那么将得到铸造铝。第二个指南是焊接铝比复合铝更容易循环再造。如果胶黏剂在熔化前没有除掉就将造成二次铝污染。设计团队承认这些指南并且试图在设计中去应用它们。

皮特和大卫在由 A 出发驾驶轿车比仅停靠 B 获得的满意度更高，这个意义上介绍了"情感可持续"术语。新型轿车应该比其他的车在驾驶和停靠时有更多的快乐感和更高的满意度。根据设计团队的观点，情感可持续包括轿车是愉快驾驶的，并使驾驶员对轿车有"防老化、保养和探索关系"。

皮特："我们创建了一个未经使用者实现的可持续使用，以迫使他们对待轿车的可持续性、轻松投入、能有驾驶乐趣。"

驾驶员使用这种轿车将在驾驶过程中获得更大的价值和满意度。根据设计团队的思想，额外的价值不仅是从驾驶经验中得到的，更多是从轿车的多样使用中获得。例如，当这种轿车停靠在操场的时候；孩子们可以使用这种车的车内空间（图 4.3）。

图 4.3　当停靠静止时，人们可以利用此轿车

注：图片来自荷兰 EVO 设计团队。

情感可持续性将在轿车和驾驶员之间起到很强的约束作用。此种轿车将很可能是一种个性化的轿车，并且这种轿车将有非常长久的使用年限。通常被反复提到的一句话是，驾驶员会满意轿车的使用年限。人们非常喜欢这种轿车以至于在它报废之前人们不会抛弃它。根据某些设计团队成员的意见，这将意味着更少的新轿车被出售并且将产生更大的可持续性，因为将使更少的稀缺原材料被用于生产轿车。

一个学生导师："你知道可持续意味什么？"

大卫："不应该与未来一代的利益冲突，避免能源的使用或浪费。"

托马斯："在你买新轿车之前你骑两年自行车而不再驾驶你原来的轿车，这也是对可持续发展的一个贡献。"

大卫："这在 10 年之内是没有效的。"

大卫针对自己的评论，指出了发动机的老化会越来越污染环境这个事实，因此发动机技术也将被改进。所以，驾驶一个老轿车会比循环再造一个老轿车和生产一个新轿车造成更多污染和产生更多的能源消耗。

设计荷兰 EVO 的部分学生试图在他们的设计中用技术可持续和情感可持续的概念，他们认为技术可持续相对容易，因为这是轻型轿车的一种可操作性属性。当然，据某些学生尤其是来自 HTS 自动技术学院的两个学生说，技术可持续和情感可持续是不易实现的概念。它们被认为是荷兰 EVO 的典型词汇，而学生并不能准确理解它们指什么。因为可持续性的荷兰语通常翻译为耐用性，这容易引起混淆。

吉尔："词汇'可持续性的'确实是一个灾难，它是一个灾难性的词汇……（她认为可持续发展的手段的解释是灾难性的）……但是，我必须这样说，它也确实是荷兰 EVO 的言论词。"

所以，在设计团队中，有时使用术语"可持续性的"一些学生并不真正地理解它意味着什么。

第五节 可持续和/或安全

安全和可持续在轿车中是很难结合在一起的价值观念。依赖于既安全又可持续的操作化，设计一个安全和可持续都优化的轿车甚至是不可能的。在荷兰 EVO 项目中，轻型标准被认为是可持续操作化的最重要部分，这对轿车内人员的安全有一种负面影响。一辆轻型轿车在和一辆重型轿车碰撞中，轻型轿车总会经受一个更大的加速度。在一个质量是 400 千克的轿车里，将所有种类的主动安全系统包括在内是很困难的。主动安全系统〔如防锁制动系统（ABS）和电子稳定程序（ESP）〕要求许多电气设备和水压泵，并且上述的质量包括了增加的主动安全系统的质量，这些安全系统在使用中会消耗能源。

就包括安全系统的问题在设计团队内部讨论，系统将不断地增加质量这个论点被认为是非常重要的。需要在安全和可持续（质量）之间做出的权衡将会在安全的操作化过程中引发一个变化。设计团队的某些成员认为，质量将是决定性的论据。在安全与可持续之间作权衡的多数例子中，可持续性或者至少是轻型质量获得了最高的优先权。在设计过程期间，非常明显荷兰 EVO 不可能包括所有种类的安全系统，并且仍然被设计成一个 400 千克的轿车。安全的首要标准应该是遵守相关的法律，并且很好地履行撞击试验（参见第一节部分的要求）。在之后的设计过程中，"安全"的含意变成了类似安全轿车的质量不超过 400 千克，并且使驾驶员有临危感，来代替包括所有种类的系统和装置，团队想要使驾驶员感到一点脆弱感和责任感，从而来提升安全驾驶。项目的一个目标变成挑战设计安全轿车的现存方式，这种现存方式认为更多的系统和质量较重的轿车似乎更安全。由于使用轿车安全的操作化是不可能的，以至于今天的轿车工业仍然在使用和设计一种 400 千克的轿车。荷兰 EVO 轿车设计团队被迫去思考轿车安全的操作化。如果荷兰 EVO 设计团队尚未提出这个 400 千克质量的最大要求，他们或许不会思考和讨论轿车安全，他们可能只包括轿车价格将许可的所有系统。

第六节 案例总结和规范框架

尽管许多国家都有轿车设计工业，但是可以推断荷兰 EVO 是一个激进设计过程。它在功能方法上也是激进的（参见第二章第三节的第一部分）。通常为轿车制定要求的优先顺序在此案例中尤其具有差异。质量是最重要的要求，这使得重新考虑其工作原理和必要的标准配置。目前轿车的某些部件是旧的，如发动机，其他部分是新设计的并且与标准设计的轿车使用的部件不同，如门和底部结构。这些在设计过程中可以分辨的伦理问题与它是激进设计过程相关。安全和可持续的操作化与伦理相关，并且在激进设计中是非常重要的。工程师们需要面对涉及操作化的伦理相关问题，因为他们不想用规范框架。如果团队已经选择要做一个标准设计，这些问题则不会构成。规范框架提供了一个在标准设计过程中使用的安全和可持续的操作化标准。

一、伦理问题

涉及轿车安全操作化、可持续操作化的伦理问题与在安全和可持续之间的权衡，在这个案例研究中起着重要作用。

涉及轿车安全操作化的伦理问题如下：荷兰 EVO 设计团队想要人们在荷兰 EVO 中感觉到一点脆弱感，因为设计团队认为人们在安装较少安全系统的轻型轿车中将驾驶得更仔细，因为他们会感觉到少许危险性。设计团队的这个思想是以个人经验为基础的。

设计团队承认可持续的伦理相关性。设计团队设计一种轻型可持续轿车的动机是关注外部道德。他们认为设计这样一种轿车将使世界变得更好①。在这个案例中，可以认定可持续操作化中的六个伦理问题。荷兰 EVO 设计中使用的部分操作甚至有互相矛盾的情况。

第一，思考布伦特兰的可持续定义，是否可以考虑可持续的个人交通工具是令人怀疑的。目前，尚不清楚是否个人交通工具是应该满足的一个基本需要。

第二，设计团队落实了布伦特兰的可持续定义，在汽车的生命周期中减少能源的使用，因为他们认为这是相当简单的工作。不同的选项只需要在同一个维度上进行比较，在生命周期中的能源消耗和无加权因素有必要与汽车的不同负面环境影响进行比较，如二氧化碳的排放、气味和噪声污染等。这种操作化可能会导致不一致的情况，如使用催化转换器。催化转换器提高了汽车使用能源的数量而减少了氮氧化合物的排放，因此，尽管排放通常与能源使用相关，但由催化转换器引起的一个略高的能源使用可以导致有毒气体排放的减少。

第三，在生命周期中减少能源使用的进一步操作是减少轿车的质量。根据荷兰 EVO 设计团队的观点，轿车的能源消耗在使用阶段是最大的（大约 85％）。在使用阶段的能源消耗依赖质量，因此，减少轿车的质量就能降低能源消耗。所以，可持续的主要操作化要求轿车应该有一个 400千克或者少于 400 千克的质量。减少能源消耗是操作可持续的标准，并且是设计一种轻型轿车需要的主要操作。

第四，在与 DIOC 的另一个项目的合作中聚焦了再循环利用——安尼和苏珊都是 DIOC 项目的参与者。矛盾可能存在于整个生命周期中封闭物质循环的可持续与最大限度地降低能源消耗的可持续之间。与许多轻型材料相伴的一个问题是它们不良的再循环属性。从 2000 年秋天开始，再循环受到了更多的关注。然而，质量是选项保留的最重要选择标准。如果增加少许质量能使汽车某一部分更好地再循环，这是再循环应该考虑的。对此，黏合可能是一个问题：使用胶黏剂轻，但却使再循环困难；

① 在访谈中，多数团队成员提及了他们加入荷兰 EVO 团队的道德动机。他们提到的另一个动机是荷兰 EVO 项目是一个极好的、能引起技术挑战兴趣的项目。

使用螺栓会使车质量变得较重，但是更容易拆除。团队不去建造一种能够拆除的轿车的论据之一就是拆除在经济上是不可行的。这个论点无视未来可能的立法或使拆除可行的补贴，或在堆填区倾倒昂贵的材料。在这个问题上，轻型的重要性再一次显而易见。要达到轻型和再循环的结合是非常困难的，并且再循环具有低优先权。

第五，可持续操作化的另一个部分聚焦设计团队所谓的"情感可持续"。情感可持续意味着在驾驶员和荷兰 EVO 之间应该建立一种良好关系，也意味着荷兰 EVO 将是一个"充满乐趣驾驶感"的汽车。因为在情感可持续和能源消耗之间可能会产生摩擦，所以设计一种"充满乐趣驾驶感"的城市轿车能够导致驾驶员乐于长时间驾车的行为，这种行为将提高能源消耗，尽管轿车本身能源效率是高的。使用者可能更经常地使用这种轿车，因为它"充满乐趣驾驶感"。在城市，可以获得许多运输工具的替代方式，像公共汽车、电车、步行和自行车。某些运输方式比驾驶一个轻型轿车肯定更节能。此外，如果使用者和轿车之间的"良好关系"导致轿车被长期持有和驾驶，就不能清楚地看到对能源消耗有什么样的影响。一方面，延长使用或许导致原材料的少量利用，原材料的生产通常消耗能源①。原材料的再循环可持续地消耗较少的能源。另一方面，发动机技术的不断进步，较旧的发动机比使用新技术的发动机会产生更多的污染。在这方面，随着发动机的老化污染变得更大。一段时间之后，或许人们仅仅靠更新发动机以减少污染。不过，这一点表明期待"情感可持续"促使能源消耗减少是不明显的。

第六，设计团队遇到关涉在安全和可持续之间权衡的两个伦理问题。工程师们想要挑战轿车安全的现存概念的思想已经导致了带有太多被动和主动安全系统的轿车的重量不断升高。工程师们想要一种轻型轿车，这首先意味着被动安全系统继续使用，因为工程师们认为被动是有效的，并且重量轻。在团队里有关于气囊和减少安全系统使用数量的讨论，因

---

① 报废轿车的大型部件将被丢弃，这仅是一种情况，不是每一部分都丢弃，更确切地说，是整个汽车被销售或回收，然后再丢弃。

为这些系统使轿车太重。在安全和可持续之间的权衡导致了第二个伦理问题，就是一个轻型轿车总是在与一个较重轿车的撞击中受损情况更糟，以至于在轻型轿车中的人们也总是处于劣势。因此，在轿车的质量通常被给出优先权的情况下，需要对安全和可持续做权衡。

二、有关伦理问题的决定

在荷兰 EVO 案例中的决策过程可能是以非层次结构为特色。在伦理问题上的决策是以个人的经验为基础，并且一些标准在设计过程中也变得不言自明。

设计过程的组织没有层次结构。对于他们正在设计的部分，学生们自己做决策或者与他们的导师一起做决策，他们在设计会议上讨论其决策。设计团队中所有的参与者都会面对伦理问题。对一些学生来讲，伦理问题最大限度地关联到可持续的操作化；对其他人来讲，伦理问题关系到安全和可持续之间的权衡。某个人决策安全操作化标准，而其余人必须执行操作化标准的情况，是不会出现的。操作可持续的第一个成就是由大卫在项目开始时做出的，在设计过程期间操作化会继续演变。在设计会议上，设计团队成员讨论或许与他们的设计部分不太相关，但与团队的其他成员相关的伦理问题。

关于伦理问题的决策，设计团队成员的个人经验起着重要作用。感受到脆弱会使人们更小心驾驶的观点和轿车应该使人们感到脆弱的观点是以设计团队成员的个人经验为基础的。他们在文献中已经发现理论支持他们的观点。以交通心理学中的目标风险理论（target risks theory）为例，该理论指出司机在其线路上将保持一个他或者她在目标风险中可感知的风险（Wilde, 1994）。这个理论包含着这样的认识：如果一个轿车使驾驶员感到比较安全，那么驾驶员的驾驶就更危险；或者如果道路在晚上是明亮的，驾驶员驾车的速度将更快。这个目标风险理论已经在交通心理学中引起激烈的争议。有一个支持这个理论的经验主义证据，并且似乎是伪造的经验主义证据（Rothengatter, 2002）。在荷兰 EVO 案例中，工程师们并不真正知道什么影响将使驾驶员有临危感。如果他们在交通心理学中已经对文献做了一些研究，那么关于这个问题他们就能够知道得更多。但是文献不是决定性的，因此，很难说是什么影响使人们在轿车里感到无助而没有感到受到保护，如交通事故中死亡的人数。然而，基于个人经验的设计团队清楚知道安全的轿车是驾驶感有点脆弱的轿车。

可持续性轿车是轻型轿车，这一点对设计团队来讲似乎已经变得不言自明并且越来越重要。不久，以轻型作为衡量可持续的标准不再讨论。这阻止了团队在可持续思想上可能出现的矛盾的讨论。设计团队开始有了可持续产品的想法，像一种"充满乐趣"的城市轿车是否是真正的可持续，对于这类问题产生了讨论。

三、规范框架

法律、规则、技术规范和撞击试验的完备体系组成规范框架。就轿车安全而言，由欧洲 NCAP 履行的试验是规范框架的一个重要要素。规范框架在荷兰 EVO 设计中仅仅部分地使用，因为轿车重量的规定被给出了高的优先权。在现存规范框架中的轿车安全的操作化要求，导致了重型轿车被设计出。荷兰 EVO 设计团队可以没有，也确实不想用这个操作化标准，拒绝了规范框架的大部分。多数伦理问题都提及拒绝规范框架。规范框架给出了涉及安全和可持续的最小要求，这些要求排除了荷兰 EVO 团队不得不考虑的某些选择。例如，是否在标准设计中包括气囊不是一个问题。现存的规范框架要求所有新轿车至少有一个为驾驶员使用的气囊。为轿车在标准设计中不得不做的权衡通常是在成本和安全之间的权衡。在昂贵的轿车里，安装有更多的主动安全系统。现存的规范框架包括关于什么是优良的和安全的轿车的思想，权衡过程由这些思想来指导。没有轿车制造者想要设计一种经过欧洲 NCAP 进行试验后，检测是真正糟糕的轿车。比其他汽车在欧洲 NCAP 试验中执行测试少对企业不利，所以充分地检测在经济上的作用似乎是有益的，并且使汽车在这些测试中表现良好。荷兰 EVO 设计团队拒绝这些思想，尤其是拒绝欧洲 NCAP 进行的撞击试验，因为这些思想导致轿车制造者必须设计重型轿车和采用被动安全系统。一个有趣的问题是是否规范框架满足了格伦沃尔德定义的标准框架的要求（参见第二章第三节第二部分）①。

务实完整：规范框架是否务实完整是有疑问的，尽管它是广泛的，有尺寸的规则和对指南、前照灯、发动机罩、保险杠等的要求。轿车的多数部分都属于规则，问题是当面临保护所有交通参与者时，规范框架是否是务实完全的，重点是保护轿车内的人员。这个对轿车内人员保护的强调或许对轿车外部的人员来讲可能会导致更多的危险。这方面的一个例子是，立法尚未要求进行行人碰撞试验。对轿车内人员的保护措施对轿车外的人而言是危险的；另一种状况是，当有意外发生的时候，人们需要从轿车残骸中获救。事故发生后尚未关闭的气囊在救援过程中可能会损伤消防队员和参与抢救车祸受害者的其他人。一个务实完整的框架必须包括保护驾驶员和轿车内外人员的规则和措施。

认可：关涉框架的主要问题是可接受性。在汽车工业中，框架被大多数行动者和购买新轿车的人所接受。汽车驾驶员之外的交通参与者是否接受这个框架是有疑问的。这个框架在其他的交通参与者中施加了大的风险，甚至驾驶旧轿车的人是否接受这个框架也是有疑问的，因为旧轿车通常略微比新轿车有较小的抗撞击性。在撞击中，旧轿车里的人比在撞击试验中检测结果好的较新轿车里的人具有劣势。政府内部对有关轿车安全目前的发展存在某些疑虑，政府已经要求 SWOV（荷兰语 Stichting Wetenschappelijk Onderzoek Verkeersveiligheid 的缩写，意为研究交通安全的一个机构）进行研究，调查是否越野车（SUV）对其他轿车和交通参与者来讲确实危险。所以，尽管这个框架仍然被轿车工业接受并且更多的人或许会买新轿车，但其他行动者像环境保护者和行人拒斥这个规范框架，甚至可能的情况是这个框架导致一种协调的问题。如果某些人正准备买一辆轿车，他或者她或许想要一辆对自己和家人而言最安全的轿车，因为大多数其他的轿车购买者也都这样想。驾驶一个轻

---

① 格伦沃尔德风趣地使用了一个自动化工业设计部分的例子作为"一切照旧"（business-as-usual）技术发展的例子（Grunwald，2000）。

型轿车在交通事故中会导致人处于劣势。因此，即使人们认同每一个人都驾驶轻型轿车更好，那么他们仍然或许不想要主动驾驶轻型轿车。即使人们不能够接受规范框架，他们会感到被迫去买一个重的或者结实的轿车，这一点似乎表明他们作为一个消费者接受了规范框架。

遵守：规范框架可被遵守，部分是因为法律的迫使。在欧洲，轿车在被允许上路之前必须符合某些规则。欧洲 NCAP 试验结果对潜在的轿车购买者来讲是可以获得的。尽管勉强满足要求是法律认可的，但是这一点从市场的角度看仍有不足。从市场的角度看，在欧洲 NCAP 撞击试验中，检测结果好非常重要，所以有法律之外的其他原因使规范框架得到遵守。

我不能判断轿车的规范框架是否是局部一致和明确的，因为它不能被所有受影响的行为者所接受，无论如何它不是一个标准框架。因此，荷兰 EVO 的工程师们不拒斥一个标准框架。

第七节　致　谢

感谢荷兰 EVO 设计团队和 DIOC I6 的合作。特别感谢利玛（Elmer）和简（Jens）的合作与支持。

第五章

管道和设备

应力工程师："你不能完全地赞同规范或者一些在规范中不完全清楚的事情，如风引起的负载。在这样的情况下要根据你自己的洞察力和经验来进行设计。斯特姆维兹（Stoomwezen，荷兰的一个鉴定机构）已经许可这样做。标准和规范多次发展，并且工程师和斯特姆维兹已经从先前的失败、最近的失误和问题中学到了许多。你不要轻易地偏离标准和规范。说到这一点，确实存在着没有被标准和规范包含的一些问题，如果你注意到这种情况，你与斯特姆维兹讨论它，并且问他们应该怎样解释规范。不过，这是特例。"

涉及安全和可持续的伦理问题在化工安装领域中不难想象。我没有整理关于（石油）化工安装中可能的和实际的事故的广泛列表，因为我认为，在管道和设备设计中，安全是一个重要的问题已经相当地明显，例如，在博帕尔（Bhopal）和塞维索（Seveso）已经发生了大规模事故。小规模的灾难事故也已经多次发生，如化工装置中有毒物质的小规模泄露、小规模爆炸和包含造成一两人受伤或者一两人死亡的其他事故。并非所有这些事故都是由设计瑕疵造成的，其中存在许多不同的原因，如或许是由在安装开始过程中的纰漏造成的，或者是操作错误造成的。但是，一些事故至少部分是由设计问题引起的。

在这一章将介绍用于（石油）化工安装的管道和压力设备的设计过程。第一节描述设计过程。第二节介绍与管道和压力容器相关的所有法律、法规和规范，规则和要求体系将被认为是一个规范框架（参见第二章第三节第一部分）。第三节描述责任和任务的分属，并且它是以与工程师的访谈为基础的（参见第三章第三节）。第四节描述伦理问题。第五节进行案例研究总结和提出规范框架，并用格伦沃尔德的要求进行评价。

第一节　（石油）化学工厂设计

在管道和设备设计之前，将要在一个装置中生产的产品已经由（石油）化工公司开发出来。（石油）化工装配的建设地点在管道和设备设计开始之前通常由（石油）化工公司选择（de Haan et al.，1998）。工程公司通常承包为（石油）化学工厂设计管道和设备的任务。根据访谈得知，（石油）化工公司曾经有自己的工程部，但大多数（石油）化工公司都外包出这些部门，目前他们雇佣工程公司为新工厂设计管道和设备。装置的实际建造工作由一家建筑公司来完成。

客户和工程公司之间有着不同种类的合同。在偿还合同中，工程公司按工时获得薪水，客户支付材料成本和建造成本，所以，客户可以自由选择使用较便宜的或较贵的材料，只要这种选择遵守规范。另一种合同类型是交钥匙（turn-key）合同。工程公司负责设计和建造这种合同类型。如果客户想要更昂贵的材料或者采取更安全的措施，那就必须核查在原始合同之中是否已经包括这些措施。在我们访谈工程师的公司里，合同谈判使用的设计规范被称为一个项目的范围。来自工程公司的专家们首先必须与客户一起工作以精确界定项目的范围，并且以此来确定所有客户的要求。这些交钥匙合同能够引导一个关于某些特征或材料在范围中是否是指定的，以及谁不得不支付涉及使用具体材料和安全系统的额外成本的讨论。

在（石油）化工行业中，设计问题主要由（石油）化工公司在早期阶段描述。从那一刻开始，一家工程公司承包生产一个工厂设计，而且在工程公司和石化公司之间就有了一个交流与合作。在工程公司中，管道和设备设计过程开始制作流程图。这个图表用于指定不同液体或者气体流量的数量和比率，并且将以消费者提供的信息为基础。在化学流量建立之后，管道的直径、容器的大小和其他尺寸都被计算。当仪器和管线的必要类型是已知的时候，在工厂和管线中各种容器的位置、布局就会被决定，例如，在这个过程中要考虑检查和清理通道的事情，计算材料的应力，决定使用什么样的具体管道材料等。在计算应力和确定工厂中管道和容器的位置之间有一种反馈，遵循的程序是填写设计的详细内容和承重结构。工程公司的工程经理估计，在公司里大约设计过程时间的75％被消耗在细化设计的过程。

设计管道和设备可以认为是在中级到低级水平上的标准设计（参见第二章第三节第一部分，也可理解为正常设计）。设计过程的较高水平涉及产品的规格和在化工装配建造中的化学反应。安装的整体设计，包括化学物质的流量和在不同装置部分的压力，这些都是对安装部件的设计过程给定的约束。整个过程是一个标准设计过程，因为将使用的设备和合适的管道是可靠的，并且以前也使用过。操作原则、布局和功能要求在设计过程的开始就是已知的，同时，存在描述设计或者至少提供带有指南的设计过程的标准和规范。可能出现的一个问题是所有这些标准、规范、规则、客户的要求、工厂地点的实际限制、经济限制等存在冲突。例如，在具有硫化氢流量的装备中要求有楼梯，这是因为吸入有毒性的硫化氢是很危险的，因此，总装备必须是在事故发生时，方便那些受到威胁的人使用。然而，有时因为缺少空间，在全部装配中用楼梯是不可能的。在这样一种情况下，要选择既要有楼梯又要有梯子，可以通过在装配的一边配置梯子而在另一边配置楼梯来实现。这种装备在紧急情况下是便利的，而且节省了空间。因此，在管道和设备设计中，设计问题有时被外部的系统规定参数优先决定①。这样的优先决定会迫使工程师去改变要求或者不履行客户的全部要求。在这个案例中有评估选项的标准，所以问题理所当然是结构良好（well-structured）的问题。然而，可能的优先决定阻止了管道和设备设计问题在任何情况确实都是结构良好的问题。要求可能必须适于实现对设计问题的解决。

第二节　压力容器和管道相关规则

不同的法规在设计和（石油）化工装配的使用中起着重要作用。在（石油）化工装配的管道和设备设计过程中，起着重要作用的法规、规范和标准列入表 5.1 中。注意，在这个表中已经包括了公司标准和规格。不过，这些并没有形成规范框架部分。

表 5.1　法规、规范和标准

	法规	规范	标准
在 2002 年 5 月 29 日之前	蒸汽法（Stoomwet） 蒸汽法令（Stoombesluit） 危险工具法令（Wet op gevaarlijke werktuigen） 滋扰法（Hinderwet）	荷兰议事规则［Regels（NL）］	ISO, NEN, DIN, 公司标准
在 2002 年 5 月 29 日之后	欧盟压力设备指令（PED） 荷兰（NL）滋扰法（Hinderwet） 货物法（Warewet） 压力容器法令（Drukvatenbesluit） 压力系统法令（Drukapparatuurbesluit）	ASME（US） 荷兰议事规则［Regels（NL）］ 荷兰标准化组织规范（NEN-EN 13445 和 NEN-EN 13480） 德国宣传单［Merkblätter（GE）］ Codap（FR） 英国标准（UK）	ISO-EN-NEN, EN-NEN, NEN, 公司标准

---

① 我这里采用优先决定是因为在某种意义上同时遵守这些要求是不可能的。某些选项遵守某些要求，并且不可能找到一个选项遵守所有的要求。

一、法规

在荷兰立法下，压力容器在使用之前必须符合几种法规，这些法规涉及危害以保护人们的健康和安全、室内财物和宠物。法规具有基于法律的性能，尽管对潜在的目标的主旨没有指定，但确实有一个要达到的目标。在法律中，对应该使用的具体硬件没有太多的参照。但是，如果规范被管理者许可，那么用这些规范设计的产品就认定为遵守了荷兰法律。规范为这些具体硬件做出了参考。

当时这项研究正处在从国家调控到欧洲监督的转型期。压力设备指令（pressure equipment directive，PED）从 2002 年 5 月 29 日开始生效（欧洲指令 97/23/EC）。在关注压力设备的生产和使用的欧盟国家中，压力设备指令取代了国内法律。如果压力设备设计遵守欧洲的协同规范和标准，那么就可以认定它遵守了压力设备指令的要求。然而，由于大多数规范和标准在转型期尚未统一，那么，在设计过程中国家规范和标准的使用就被许可。此外，工程公司不得不证明依照国家准则做的设计也遵守了压力设备指令要求的安全水平。认证机构，也称为鉴定机构，在欧盟国家中被委任去核查新设计和翻新是否遵守了压力设备指令规则。被许可的设计就获得一个 CE 标志。在荷兰，劳埃德登记处的斯特姆维兹（Stoomwezen）是鉴定机构之一。如果一个产品没有统一的欧盟规范，或者在设计过程中没有使用规范，那么，主管机构必须去核查设计，并且帮助生产者证明他们遵从了欧盟指令①。在压力设备指令（PED）下，安装的生产者有着明确的责任。例如，CE 认证的请求不得不由生产者提出，要揭示生产者是谁有时是很困难的。谁在管道上做了焊接，是承包商，还是做设计的工程公司或者使用管线的化工公司？围绕着谁是生产者的问题，在介绍压力设备指令（PED）时仍然不得不解决。依照斯特姆维兹的规定，工程公司是生产者。

---

① 鉴定机构也可以是一个主管机构，但这并不需要作为案例。直到 2002 年 5 月压力设备指令生效，斯特姆维兹（Stoomwezen）在荷兰仅仅是一个认证机构。在压力设备指令下，其他的组织也可以变成认证机构。

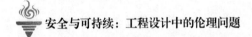

其他相关于（石油）化工装配设计的法规是那些包括环境的法规和关于噪声和气味的法规，这些法规共同调节设计过程的结果。安装过程应该在许可的噪声水平和排放限度内执行。

二、压力容器和管道相关规范

法律和法规通常要参考规范（code）。制定规范的组织在不同的国家是不同的。规范可以由职业组织如美国机械工程协会 ［the American Society of Mechanical Engineering（ASME）］、荷兰的工业组织（Regels in the Netherlands）或者政府机构（例如 British Standards）制定。规范通常被写成优良的设计实践规则（rule），如果能够正确使用，应该保护人们的健康和安全以及环境。在某些国家，法律要求应用明确的规则。在美国的许多州，法律要求在压力容器和管道领域应用美国机械工程协会（ASME）规范。规范通常是规定性的，它们描述特定的硬件和计算。在荷兰，议事规则是一个指南，因此法律没有要求必须使用它们。但是，使用议事规则来做的设计被认定遵守了现有的法律。现在，有一些统一的欧盟规范，例如 NEN-EN13445 和 NEN-EN13480，但目前并非所有的国家规范都已经被欧盟规范取代。在压力设备指令下，用另一个欧盟国家的规范取代一直使用的本国国家规范是可能的。在荷兰，依照德国的宣传单（Merkblätter）对设计做出一种选择就是一个例子。

规范的内容不同。美国机械工程协会规范是低应力（low-stress）规范，材料的应力许可是低的，这意味着美国的建造是比较重的。美国机械工程协会规范要求一旦系统在使用，就需要进行小测试和几项检查。美国机械工程协会规范是广泛性的，并且规则也非常详细。欧洲规范（包括 British Standards，Merkblätter，Regels）是高应力（high-stress）规范，它们允许更高的材料应力。某个建造项目将可能是稍微使用了欧洲规范，但在使用期间必须不断进行定期检查和测试。

三、压力容器和管道相关标准

为达到相容性和互换性需要制定标准（Hunter，1995）。使措施、产品和制度标准化的大部分原因是经济因素。在多数国家，有一个国家标准化组织，如美国国家标准机构（The American National Standards Institute，AINSI）和荷兰标准化组织（Netherlands Standardization Institute，NEN）[①]。欧洲共同体有一个欧洲标准化机构（CEN）。世界国际标准组织（International Standards Organisation，ISO）正准备制定世界标准。标准是在不同公司与国家之间进行贸易并且使备件应用成为可能的公约。标准是规定性的，并且由任何条款所要求的硬件和公约详细描述。建立在一个标准之上的某些部分的规格是精确的，因为它是一个建立在物体技术图纸方面的公约。标准化确保了一个由特定公司生产的螺栓同样适合另外一家公司提供的螺丝钉，因为这两家公司都用了同样标准。标准通常不能通过立法强制执行，然而，法律可以参照标准，规范通常也提及标准。

较大的公司将有类似国家标准和公约一样的公司标准，这些公约可以是关于什么管道用于哪种温度和介质等问题。某些公司也有类似优良设计规范或设计安全的装配惯例的公司标准。公司标准通常提及国际标准和规范，正如之前提到的，在公司标准不是规范框架的一部分之前，规范框架只包含在一个国家或欧洲内部一种产品类型的全部产品持有的规则和指南。法规设立了所要求的最低安全水平。因此，公司标准只遵守法规，或者比法规更严格。公司在它们制造或者购买的产品上可以自由施加更严格的要求。

第三节　责任与任务明细

工程公司的组织有下列形式。公司有一个矩阵组织，这意味着在项目团队的学科和横向组织方面有一个行业组织。每一个项目团队都由行

---

① 荷兰标准化组织 NEN 既制定规范也制定标准，标准最初意味着导致互换性。规范用于确保安全和质量等级。参见第六章第三节。

业组织的一部分人组成。在设计过程的开始，项目负责人应该咨询行业管理者关于其在项目团队中想要的人。如果是大型项目，项目团队成员要重新搬迁到同一个地方工作，使得劳动力分配是清晰的，并且功能描述也是清楚的。

作业工程师：作业工程师通常是经验性工程师，他或者她负责工厂的布局。作业工程师不得不解决涉及法规和经济方面的限制。环境、安全和滋扰法规在工厂的铺设中是重要的。例如，他或者她不得不关心储藏罐和火炉之间的安全距离，以及考虑含有特定化学物质的罐和公司外围网之间的安全距离。生产太多噪声的仪器需要被屏蔽以减少装置内部或者外部的噪声水平。

应力工程师：应力工程师计算管道的应力、管道和容器连接处的应力和管道施加在支持结构上的应力，一旦有工厂铺设就要做出这些计算。如果计算显示应力太高，那么在工厂铺设中不得不做某些变化。计算是依照规范做的，用于案例研究的工程公司规范是美国机械工程协会规范和荷兰斯特姆维兹议事规则。

材料工程师：材料工程师选择在一个装配中使用哪种材料，选择参考标准是材料的强度和耐化学性。他或者她需应用美国机械工程协会规范、美国试验和材料协会规范（American Society for Testing and Materials，ASTM）及荷兰斯特姆维兹议事规则。

管道设计者：管道设计者建造装配的三维计算机模型。计算机模型的许多元素是预编程的，管道设计者在现存的元素之间进行选择去建造模型。一旦三维模型准备好，就能使计算机模拟人步行通过安装或拆开的部件。如果管道设计者发现问题，他或者她就与应力工程师、作业工程师或者材料工程师进行商议。在设计的这个阶段，装配的可使用性和人机工程学是关键。

第四节　伦　理　问　题

在管道和设备设计中一个重要的伦理问题是安全。"在（石油）化工装配中对管道和设备而言什么是足够的安全?"这个问题在实践中通常由提及的规范（code）和法规（regulation）来回答,设计团队不会尝试自己去回答这个问题。事实上,设计团队要充分地依据现有的规范和法规设计一个安全的装配。虽然法律、法规、规范和标准在（石油）化工装配的设计中起着重要作用,但工程师仍然不得不在安全方面做出选择。

决定遵守哪一种规范,客户通常要做选择。消费者有时被法律约束要遵守一定的规范。例如,在美国某些州,美国机械工程协会规范是法律规定的。当一个规范已被选定后,仍然存在某些涉及规范尚未调节的安全方面的选择。

关涉安全的许多决定已经在规范中具体化,如安全因素、构成、材料属性以及应力或张力允许的强度等,设计团队在计算中没有自主性。然而,团队不得不决定计算承载方案,不得不决定是否考虑风和地震的负荷影响,不得不决定承载方案下的某些事件的合并,如雪和劲风的荷载组合。应力工程师通常会做这些决定,有时他们也与作业工程师、客户和鉴定机构联合做决定。关于决定使用哪种承载方案与伦理相关,因为它为安装设立了限制。管道装备应该是刚性的和有强度的以能够经受承载方案的负荷,但超过了方案的负荷将被允许损害装配。如果某些可能发生的负荷未被考虑,那么,在发生负荷过载的那一刻安装可能会失败。由超负荷引起安装的突然失败可能会导致化学药品的溢漏从而污染大片土地,甚至更糟糕,危险气体和毒气的泄漏,或许会杀死雇员或者生活在管道装备设施附近的人们。

欧洲压力设备指令要求做一项风险分析,但应该考虑的事故情景尚未具体化。因此设计团队,尤其是应力工程师,也不得不决定什么可能或者可能的事故情景是什么,以及这些情景将导致什么样的负荷水平,这与上文提到的承载方案的要点相关。然而，事故情景不仅限于机械负荷，它们也包括人为的失误。例如，一个操作员可能忘记关闭一个阀门，那么"忘记关闭一个阀门"的事故情景将预示着在这种情况下发生什么。在某些情况下，一个事故情景可能导致一个具体的负荷情景。例如，如果在压力容器内一个小规模的爆炸发生是可能的，那么，容器内部的爆炸对容器而言应该是一个负荷情景。关于包括事故情景的决定与伦理相关，因为在设计过程中没有考虑到的一个事故或者事件可能导致一场灾难。例如，错误地关闭一个阀门，可能导致一个管道装备因爆炸而完全毁灭。某些事故情景很容易确定，因为它们在规范中被具体化了。不过，这并非是所有事故情景的实情。一个在法规中未包括的事故情景的例子是水锤场景，蒸汽管道中积累的水可能导致一个突然的小爆炸来释放压力。如果对这么大的负荷负载结构太脆弱，可能会引起支撑结构的管道松弛。水锤事故可能导致雇员在坍塌的建筑部件下面被刺伤，或者雇员被热的蒸汽或者水灼伤。在规范和法规之内，关于如何处理水锤危害没有清晰的规定，设计团队尤其是应力工程师不得不决定是否要考虑它。

计算和承载方案由鉴定机构核查，但鉴定机构未被允许去核查由工程设计公司在法定的欧洲压力设备指令规则下做的风险分析，而斯特姆维兹核查风险分析并在风险方面提醒工程公司。

规范规定了设计过程中许多小的细节，如果不能遵循规范的详细规则，那么规范就给出可选择的和较少细节的管道或者压力容器的设计方式。如果常规构成（formulas）不能够在具体情况下使用，那么，规范规定使用有限要素方法。如果有限要素计算方法也是不可能的，那么，容器就会被设计并进行压力试验。这个最后的选择只决定哪种容器必须接受压力试验。

遵守规范应该按照法律所要求的最低安全水平。在欧盟，从法律的视角看，鉴定机构决定设计是否足够安全。如果鉴定机构和消费者容许，就会存在着偏离规范的可能性，对规范和法规的偏离会使装配不安全。这种没有坚持法规或规范的决定也因此不会被轻易采纳。没有遵循规范的例子——当某种塑料制品在最大温度为280℃时使用——如果规范指定这种塑料焊接的最大可允许温度仅仅是 250℃，因为规范禁止在一个高达 280℃ 的环境下使用焊接塑料。在鉴定机构和客户之间的合作中，材料工程师能够决定在一个很少能够达到 280℃ 的装置中使用焊接塑料。在这种情况下，鉴定机构将要求预测多久温度可能超过 250℃ 和持续多长时间。此外，由高温引起的材料老化也不得不在装置的生命周期计算中被考虑。在老化过程中，塑料可能变脆，塑料部件快速退化，这可能导致特定类型的塑料或者焊接塑料不适合在如上所述的某种环境中使用。

在勉强遵守一种规范的设计和遵循融入设计者经验和技能的一种规范的设计之间存在安全方面的差异，所有规范将包含指定的误差。鉴定机构不拒绝遵守了较低误差边界的设计，但是这些设计比那些不超出限度的设计安全性小。例如，一个设计者可能坚持在氯气储藏罐和管道装备的篱笆边界之间空出一个比法律要求更大的距离①。在这种罐中的一个泄漏会引起氯气云团漏出或者到达公众可以接近的路面。因此，氯气储藏罐在被设计时必须观察到要与公共地方之间有一个法律约束的最小安全距离。在氯气储藏的案例中，可以说在一个储藏罐和公众可以接近的地方之间，距离越大就越安全。这意味着尽管有一个最低限度的安全距离，但是，通常距离越大越好。因此，尽管从氯气储藏罐到公众可以接近的超越边界之间的距离从法律的立场看或许是足够的，而从道德的立场上看这个距离或许是不够的。

在消费者的要求、规范、标准、法规、法律和实践约束之间存在着不一致。最不协调之处可以在消费者要求、法律和规范之间发现。消费者通常想要安全而且便宜的装置。

在某种情况下，因为实践的约束，遵照规范是不可能的。当扩充一个现有的装配时，在装配内部放置一个新容器而不违背最低限度的安全距离或许是不可能的。安全距离不仅限定装有特定危险的化学药品的容器和化学工厂的边界，而且安全距离也指定管道和容器之间、不同容器

---

① 举氯气作为一个例子，但这一点可以推及在管道和容器泄漏的情况下所有引起高水平毒气雾或气体的化学试剂。

之间的距离。在高压力下的某个容器可能会爆炸，如果这样的事故发生，它应该不会导致额外的爆炸事故。其他的容器应该被放到这样一个距离，即它们不会在类似的爆炸中受到影响。

在规范和法律之间的不协调比消费者的要求和规范、法规之间的不协调要少。法律和法规是主要的目标基础，并且规范通常适用于提供能按照法律和法规所要求的性能水平的计算规则的硬件。因此，不协调不是一个真正的问题。不过，可能发生因新工艺或新材料尚未加以编纂而不自动合法的现象。在这样的情况下，有时允许使用由鉴定机构明确提供使用许可的新工艺或新材料。一种新材料或新工艺可能比那些在某些情况下现存规范的具体要求更安全。从道德的视野看，如果使用新材料或新工艺能够强化装置的安全，并且没有其他的缺点，如可持续方面①，那么，最好是使用新材料或新工艺。从法律的视角分析，使用新材料或新工艺需要获得特别的许可。例如，荷兰规范（议事规则）未包括双相钢，然而，斯特姆维兹允许在某些装置中使用双相钢。

受访的工程师们表示，化工装置规范是基于管道设计的多年经验，并且他们不能够轻易把这些规范置于一边。如果有规范难于适用的状况，工程师就会与鉴定机构联系应该怎样解决。终究，像斯特姆维兹这样的鉴定机构做出一个设计事实上是否是足够安全的决定。如果一个设计被许可，产品将有 CE 标志。

在设计过程的最后阶段，另一个重要问题是一个由计算机绘制的装置是否能被实际建造。有时容易留下图纸的困难细节，那么，在一个装置的实际建造过程中这些细节不得不在一个来自工程公司的管道设计者必须出现的那个现场决定。这里可以分辨责任问题，工程师是负责设计一个在细节上完整的和在实践中可生产的装置吗？如果一个工程师指定某种困难的和劳动力密集的建造方式，而建造者用一个比较容易的方法去生产他或她判断类似和足够好的东西，但这种变化不可能像指定的那

---

① 如果提高安全性，是否在道义上需要使用新材料或新工艺，这取决于其他问题，类似这些新工艺或新材料的成本和对环境的影响。

样好，并且也不能达到设计工程师们所期待的高标准，这会导致后续问题。有几个这样的案例，在建造过程中改变或者进一步设计的某些细节导致了灾难，例如，凯悦酒店（Hyatt Regency）通道的坍塌（Gillum，2000；Pfatteicher，2000）。

一些可能做的改变是工程师们可预见的。工程师应该以容易施工的方式做设计，并且偶尔参与艰苦的工作？例如，作焊工。或者工程师应该设计出最好的建造物，然后把他或者她的图纸交给承包商吗？工程师可以提出证据证明他或者她没有全部相关信息用于决定什么是容易建造的和什么是不容易建造的。工程师不总是知道具体的承包商有什么样的生产技术和什么样的经验。在图纸中不包括某些细节并且让建筑公司决定的某些细节可能会诱使工程师们忽略重要的细节（参见图5.1）。

图5.1 这个管道应该连接那个压力容器吗？

注：图片由萨宾·罗泽提供。

在一个交钥匙合同中，工程公司也负责施工建造。所以，做一个经济的、有效率的和在规范之内容易建造的设计符合工程公司的自身利益。在一个可偿还合同中，工程公司仅负责设计，不负责建造。因此，问题可能更多发生在可偿还合同中。

尽管在（石油）化工装置的设计中有机会关注可持续发展，但是，可持续发展在管道和设备设计中受到很少的注意和重视。一个安装设计具有一定的寿命，然而在期满之后做什么，却不是工程师们关心的。工程师们不清楚装置的一些材料是否将循环再造或者是否装置将拆毁和没有材料再循环。在访谈中，工程师们表示他们认为再循环并不重要。依据工程师们的观点：鉴定机构和消费者也对可持续发展没有兴趣。

预测安装成本的某些系统建立在材料便宜的基础上，而非经久耐用、可持续。先前的一个工程专家告诉我，她在一家公司工作，需要考虑维护成本在施工成本中所占的比例。不锈钢是较昂贵的，但是比其他钢材需要较少的维护保养。然而，即使维护成本占施工成本一定的比例，选择使用不锈钢在经济上也不是合理的。只有涂漆昂贵的、直径非常小的管线是由不锈钢制成。这家公司的具体指南对生命周期短和维护密集型材料的固有偏置是明显的。如果存在这种类型的指南，那么，引进新的、更昂贵的材料会非常困难，即使这些材料更加经久耐用或者可持续。

由某些被采访者提及的另一个伦理问题是，今天的公司缺少知识，大型化工生产公司不再有像已经外包或关闭的工程部。工程顾问公司雇佣没有经验的年轻工程师，有经验的工程师聘用费用昂贵，并且他们不得不离开工程顾问公司。一些组织是会选择节省费用。例如，斯特姆维兹有一个职位空缺，但是在六年间没有雇佣新人。较老的工程师们面临退休，而年轻的工程师们还没有获得足够的经验。此外，内部教育也一直遭到忽视。一个有经验的工程师，当他或者她为消费者工作，而且当他或者她培养年轻同事们的时候，会为公司赚更多的钱，这意味着安全设计需要的知识和经验在下降，不仅是在工程公司，在斯特姆维兹也如此。斯特姆维兹在每一个领域中并没有专家，他们习惯于依赖（石油）化工公司工程部在某些问题上的知识和经验。在过去，来自（石油）化工公司的工程师们在工作和设计特定的化学品及处理此类化学品涉及的问题中有经验。斯特姆维兹的认可部分地是基于（石油）化工公司拥有的积极经验，并且信任那些公司的工程师会做一个安全和可靠的设计。今天，（石油）化工公司没有工程部，再加上有经验的工程师退休，意味着工程公司和斯特姆维兹不再拥有知识和经验。这可能在未来引起一个问题，当来自一家工程公司缺乏经验的工程师为一家不再保留设计这样装配的知识和经验的（石油）化工公司设计一个装配时，可能导致不安全的设计。当然，鉴定机构却不得不认可这些设计。斯特姆维兹也有同样的问题，督察不具有所有特定装配可能出现的问题的知识和经验，所以，斯特姆维兹是否总是能够检查一个设计是否足够安全，是有疑问的。如果一个设计不够安全，斯特姆维兹就要给工程公司提供关于使设计更安全的建议。如果工程设计公司和认证设计的组织机构都对专业知识了解太少，那么，就会建造不安全的化工装置，并且这种知识的缺乏也是一个伦理问题。

第五节　案例总结与规范框架

在（石油）化工装置中的管道和设备的设计过程通常是从中等到低等水平的标准设计，工作原理和标准配置是已知的。运输液体和气体的管道已经设计了几十年，在大多数设计过程中，功能要求高于先前设计的功能要求。在某些设计过程中，如果管道不得不运输先前未使用过的化学品，就可能需要一个更先进的设计，有必要研究对可能的管道材料具有的化学影响。在较高的设计层次水平上，设计装配中生产的产品、建立化学品的流量以及选择场地。设计过程由具有不同功能和明确任务类型及责任的不同层次的人组织。

一、伦理问题

管道和设备的任何设计过程都会引发伦理问题，特别是那些关于安全的伦理问题。这些伦理问题在本章第四节已经详细地讨论。在这里做简要评论。

工程师们相信依照法律和规范的设计将生产出安全的装配。法律和规范规定很多，但并没有覆盖所有关于安全的选项。

设计过程的开始，相关方不得不在使用相关法律许可的不同规范之间做选择。某些关于安全的选项在规范中不具体，但工程师或者消费者却不得不做出选择。例如，事故和承载方案在欧洲规范和法律中没有定义，在压力设备指令下，工程公司有义务对他们的设计做一个风险分析，但什么样的事故和承载方案应该使用尚未具体化。

根据工程师们的观点，仅仅遵守一个规范和在限度内完全遵守规范，这两者之间存在差异。鉴定机构不能拒绝遵循法律和规范的设计，但在一个规范下限的设计和限度内恰当地设计之间，安全是有差异的。

如果设计被另一家公司施工建造，也会有相关责任具体分属的伦理问题。在设计中某些细节不具体，因为一个建筑公司需要自由地决定使用什么方法建造。这或许诱导工程师不去规定任何困难细节，因为建筑公司将做这方面的工作。设计公司可能做的是一个不能生产或者仅仅可能的设计，建筑工地的员工就要面临大的风险。

由工程公司的工程师和来自鉴定机构的工程师提出的另一个伦理问题是，化工公司、工程公司和鉴定机构关于设计安全装配的知识水平正在下降。化工公司已经外包了工程部内部曾经由经验丰富的工程师做的大部分工程工作。在 19 世纪 90 年代，工程工作的要求水平较低时，工程公司解雇了这些非常有经验的资深工程师。斯特姆维兹这些年来一直未被允许聘用新工程师，并且现在有经验的资深工程师即将退休，初级工程师尚未获得足够的经验和知识，但是职业要求他们与已经退休的工程师在同一水平上执行认证任务。

二、关于伦理问题的决定

在这个案例中，可以看到伦理问题上的决定是个体的、分层次的和以规范框架为基础的。

比较前述的荷兰 EVO 案例，个体做的关于伦理问题的决定要比完整的设计团队做得更多。工程师解决在他或者她设计的那部分所遇到的伦理问题。不同的工程师有不同的任务，并且不得不去解决不同的伦理问题。作业工程师将面对涉及安全距离的伦理问题。框架定义了最小安全距离，但在某种情况下，这个安全距离未能得到满足，如改变一个旧的安装。在其他实例中，作业工程师可能想要保持大于所需的安全距离，应力工程师不得不对负荷和事故情景做决定，材料工程师不得不在不同的材料之间做选择，并非所有的工程师都将面临所有的伦理问题。某些伦理问题将在应力工程师的工作中出现，而其他的伦理问题可能在作业工程师的工作中遇到。

如果工程师在他们的设计任务中遇到大的问题，则他们必须与上级或项目管理者讨论这些问题。项目管理者将与工程师一起决定设计团队是否能够解决这个问题；消费者会参与重要的决策；有时鉴定机构会被告知问题并要求提出建议。

法律和规范为涉及伦理问题的许多决定提供规则和指南。除了规则和指南之外，还有鉴定机构在认证前核查设计，而鉴定机构可以给工程师提供咨询。

三、规范框架

在管道和设备设计案例中可以得到一个规范框架。规范框架最重要的部分是欧洲压力设备指令，荷兰法律实施欧洲压力设备指令。法律规定最低的安全水平。欧洲压力设备指令在很多方面非常普遍并且具有目标导向。如果在设计中使用一个统一的欧洲规范，那么就可断定设计符合法律。在这个时候，一些国家规范仍然在使用。规范框架授权得到许可的组织（例如，劳埃德登记处的斯特姆维兹。）核查所有新设计是否符合现有法律。能够认为这个规范框架是格伦沃尔德定义的标准框架吗？要回答这个问题，将遵循格伦沃尔德的标准框架要求，指出规范框架是否满足了这些要求。

务实完整：框架是不完整的，没有包括关于负荷和事故情景的某些相关决策。鉴定机构将核查设计，如果没有包括某些明显的承载方案，他们可以要求在设计中变化。不过，鉴定机构不核查由工程公司做出的风险分析和事故情景。为了案例研究，我进行访谈时（2002 年 2 月至 5 月），没有建立关于考虑什么样的负荷和事故情景是行业内的良好设计实践的想法。2002 年 5 月过渡到欧洲压力设备指令时，在工程师中和在劳埃德登记处的斯特姆维兹导致许多问题，如不清楚谁应该申请 CE 标志。

局部一致：只要设计选定一个规范，那么，框架是适度一致的。在一个设计中合并不同的规范是困难的，也是不被允许的，因为这将导致更多不协调。在消费者的愿望、要求和规范框架之间经常遇到矛盾。

明确：在向欧洲压力设备指令转型时框架肯定是不明确的，尚未提供和尚未决定的很多规则需要解释。当欧洲压力设备指令实施时，框架可能会变得更好。

认可：依照格伦沃尔德的观点，工程师和受到框架影响的所有人应该接受一个标准框架。然而，在化工和石油化工安装方面，我们经常看到居住在这种装置附近的人们不愿接受规范框架。例如，在荷兰南部，就能见到承载氢氰酸的装置与当地住宅区接壤。根据该公司拥有的安装许可，这个装置是安全的，因为它符合规范和法律。村庄的地方政府、邻里和环境保护者怀疑安装许可是否足够安全，即便它真的符合所有规范和法律（Trouw，2002）。

遵守：要遵守框架，法律强制执行此框架并依此设计，同时由鉴定机构核查。此外，正如本章开始的引语所言，工程师们坚守框架，并认为框架对设计一个安全装置而言是好的指南。

从上面的分析中可以看出，应当存在一个广泛的规范框架，而不是存在一个标准框架。规范框架的歧义是由国家法律过渡到欧洲法律的变化引起的，这或许在几年时间内可以解决；其他问题的出现是由于缺乏经验和解释欧洲压力设备指令引起的。例如，要求法律解释谁应该申请 CE 标志的问题。这些问题将在未来的某个时间解决，其他问题解决起来更困难。鉴定机构不被允许核查工程公司提供的风险分析，这意味着工程师能够决定事故情景而不需要指南或者管理这些决定。这不意味着工程师将直接建立低标准，但消费者可能促使他们只考虑某些事故情景。从道德的视角看，规范框架的主要问题可能是它不被接受，并且这是一个不容易解决的事情，我将在第九章中重提这一点。

第六节　致　谢

感谢 Jacobs 工程公司，劳埃德登记处的斯特姆维兹的工程师们，感谢 Ger Küpers 和 Nancy Kuipers 提供的信息。

第六章

设 计 桥 梁

　　与桥梁设计相关的道德问题也许并不那么明显，但是在设计一个大型桥梁的过程中，桥梁的安全问题至关重要。这不仅是为了在桥梁上经过的行人和司机的安全，也是为了施工工人，以及从桥下经过的船只的安全。桥梁上发生的事故会导致车辆对一些桥梁结构的撞击，或者人们也许会从桥上跳入水中，等等。本章将介绍一个有关桥梁设计的案例研究。第一节介绍设计问题。第二节介绍利益方，以及利益方的期望与要求。设计过程中的主要问题是努力满足所有利益方的要求和期望。第三节主要介绍有关桥梁安全性与稳定性的法律和法规，这些法律和法规构成了桥梁设计的规范框架。第四节介绍桥梁设计过程中的权责与组织。第五节总结结论并评价规范框架。最后将陈述规范框架符合格林沃尔德要求的程度并确定规范框架是否能成为一个标准框架。

第一节　设 计 问 题

在这个案例研究中，IBA 公司是阿姆斯特丹市设计桥梁的市级工程公司，负责阿姆斯特丹市桥梁、隧道和其他基础设施项目的工程设计。IBA 公司是阿姆斯特丹市自治区的一部分，在桥梁设计和桥梁建设方面很有经验。由于受到欧盟法律的约束，阿姆斯特丹市不得不对其项目进行投标。因此 IBA 公司并不能自动获得工程项目，而是要与其他工程公司一起竞标。这个案例发生在横跨运河大桥的设计过程阶段。这座大桥通往阿姆斯特丹市 IJburg 的某处。IJburg 所在地区有很多水路，许多区域都由桥梁连接。这个案例研究中的桥梁是一座将 IJburg 与当地高速公路连接的大型桥梁[①]。大桥将跨越阿姆斯特丹-莱茵运河，仅这一部分就有 130 米，大桥的总长度将达到 150 米。这个项目包括大桥一端（Reliant Energy Side）通向大桥的 33 米公路，以及另一端（Diemen）通向大桥的 66 米公路。为保证大型船只从桥下顺利通过，大桥的高度必须高出水面至少 9.30 米。

这座大桥的设计过程和建设过程要持续好几年的时间，因此，我只研究设计过程的其中一个阶段。我选择研究阶段是初步设计阶段。IBA 公司为工程师提供的标准合同是由荷兰专业机构制定的，此标准合同仅适用于荷兰工程公司进行的荷兰国内城市当地工程建设。在此合同中，设计过程被分为以下八个阶段（KIVI，2003）。工程公司可受雇于设计过程中的一个或一个以上的阶段。

研究：研究可行性、环境影响以及社会认可等。研究用于为项目制定一个好的、不好的决策。此研究也可用于确定设计要求。

初步设计：根据设计要求，制定草拟的设计及说明，说明项目如何

---

① 此地居民所熟悉的高速公路，桥梁将把 IJburg 与 Diemen 出口处的 A1 和 A9 高速公路连接起来。

运作，并用于告知客户设计相关的成本与耗时。在下一阶段开始之前，客户要审核初步设计。

最终设计：确定规模尺寸，计算、草拟并最终详细列出初步设计中所使用的材料和设备成本（如有必要可参照法规）。在此阶段的最后，要对建设和运行此项目的预计成本和实践有明确的说明。

投标说明书和工程文件：投标规定要说明项目工程的地点、材料数量和质量，以及程序。工程文件书还要包括管理与法律上的要求。工程文件是投标时必备的，也将成为施工方合同中的一部分。

价格与合同：合同方通过竞标得到合同。

详细说明：施工方与工程公司合作将设计更详细化，以确保根据投标说明进行设计并用于建设。

建设：工程设计公司确保对设计的建设是基于标书说明进行的。

完工：工程设计公司要监控施工方的项目建设是否符合要求，对付费问题给出建议。

该案例初步建设阶段开始于 2004 年 1 月，结束于 2004 年 4 月末。此阶段最后以初级设计报告的形式交给客户。在此阶段我参加了技术会议，并与参加此项目的五位工程师和建筑师交谈。我将在下一节详细介绍设计程序的内容，并对利益方和客户做出介绍。

大桥将在 2007 年建成并准备投入使用，在初步设计阶段前的研究阶段就已经制定了设计要求的文件。IBA 公司参与了研究阶段，并参与了设计要求的制定。其他参与研究阶段的利益方是建筑师、规划署、规划与都市规划的市级机构，大桥的初级设计标准要高于中等水平设计。在设计等级方面，稍低于桥梁的概念设计，但是根据建筑师的大桥预期图来设计大桥工程是所要努力做到的第一步。

该大桥的设计是一个正常设计过程。从这个意义上看，尽管大桥的规模很大，但是它只不过是一座拱形大桥，工作原理、拱形桥如何建设、正常结构，以及未来运行状况都是为人熟知的。建筑师尽量将拱形桥的工作原理整理成文本格式。拱形桥有两座很粗的拱来支撑大桥的重量，或者是由两根在桥面板两端的粗大的梁来承载大部分的负荷，于是建筑师选择使用尺寸很粗的拱。简而言之，设计问题是：建设这样一座美观的拱形桥，花费不能太大，而且建设期间及使用期间要保证船只正常通行，要依照法规施工，并注意保证建设过程中没有人员伤亡。

设计过程中的困难不在于产生一个新的工作原理或一个新的结构，而在于结合并满足所有的要求，协调各项任务及保证所有利益方的正常沟通。许多利益方来自其他两个自治区、一个电站、一位建筑师、市级都市发展部门以及土木工程部①。所有这些利益人都有他们的期望与要求，这些在设计中要充分体现。一些利益人要授权土地使用权，因为大桥所占部分土地的所有权属于利益人，在建设开始前需要由地方和国家机构授权。正如本章所述，设计过程也要遵守与桥梁建设相关的法律和法规。

第二节　试图调和所有要求和利益相关者

如上所述，许多利益人都参与设计过程。接下来，我将所有参与或即将参与设计过程的利益人，以及大桥建设前要授权的利益人的名单列出来。

许多阿姆斯特丹市的市级部门都参与了大桥的设计，名单如下：

DRO（Dienst Ruimtelijke Ordening，规划署）：这是一个负责阿姆斯特丹市都市规划的市级组织。DRO 做出决定，有必要在阿姆斯特丹-莱茵运河之间建设一座大桥，并和 IBA 公司共同为大桥制定要求。DRO 决定如何将大桥置于地面上，以及大桥的外观，并为建筑师提供指导准则。

OGA（Ontwikkelingsbedrijf Gemeente Amsterdam，阿姆斯特丹开发公司）：这是一个都市规划市级机构。OGA 监控经费，它也是 IBA 公

---

① 当时设计过程没有结束，初步设计阶段之后设计暂停，需要解决一些与 IJburg 和客户相关的资金问题。很可能客户需要得到阿姆斯特丹市委员会的允许增加大桥建设的预算。

司的客户。DRO 发起大桥项目，并移交给 OGA。

DIVV（Dienst Infrastructuur, Verkeer en Vervoer，基础设施、交通及运输署）：是一个负责基础设施、交通和运输的市级机构。它负责大桥建成后的监控和维护工作。DIVV 是大桥设计过程中的非正式参与人。

DMB（Dienst Milieu en Bouw toezicht，环境和施工监理署）：这是一个负责环境和建设审查、授权施工许可的市级机构。该机构需通过审查来决定设计是否符合相关法律和法规。在设计程序最后，将设计呈交并征求施工许可时，DMB 执行此项任务。

DWR（Dienst Waterbeheer en Riolering，水和污水处理署）：DWR 是负责管理水源和污水的市级机构。它负责管理阿姆斯特丹-莱茵运河一端的堤坝。

其他利益相关者：

Rijkswaterstaat（土木工程部）：Rijkswaterstaat 是一个负责荷兰水路、堤坝和水道的政府部门。Rijkswaterstaat 强制执行一些条规，旨在将大桥带来的雷达干扰降至最低。大桥建成后，下游地区要有足够的视野和雷达视距。Rijkswaterstaat 还强制限制大桥建设期间对船运的影响。因此，大桥一侧的堤坝很重要，这座堤坝由 Rijkswaterstaat 来监控。Rijkswaterstaat 中的另一个部门，国内土木工程部（Rijkswaterstaat Bouwdienst）负责审查大桥的各种计算数据。IBA 公司已经聘请 Rijkswaterstaat 为顾问单位。

Reliant Energy（美国电力煤气公用公司）：该公司在大桥附近建有一个电站。由于大桥高度的原因，需要在大桥和相连公路之间修路堤。路堤的一侧在该公司的地界上，因此要有该公司的授权许可才能建设。该公司还有一个码头，承包商可能会需要这个码头将物资运到施工现场，因此施工单位同样需要得到该公司的许可才能使用这个码头。

TENET：部分桥体和部分地区上方有高压输电线，因此在高压输电线下施工对施工人员而言存在危险。这对在大桥上方施工和将桥体运到施工现场带来了困难。要想将建好的桥体用船运到施工现场是不可能的，因为载有船体的船不可能从电线下通过。如果在某天或某月的某个特定时段用电需求低，TENET 也许会切断供电线路。是否断电要由 TENET 来决定。

Municipality Diemen：大桥地面上的部分土地由 Municipality Diemen 负责，因此需要得到他们的认可。

建筑师：客户已经聘请一位建筑师为大桥进行设计。建筑师已经为 DRO 就 IJburg 河的桥梁做了一项研究。

Groengebied：阿姆斯特丹–莱茵运河一侧（the Diemer）有一个天然水库。Groengebied 负责管理这个区域。在大桥开始施工前要有 Groengebied 的许可。Groengebied 需要考察动物是否能从地面路基一侧移动到另一侧。

Province North Holland（北荷兰省）：荷兰被分为 12 个区。每个区都有自己的委员来负责为荷兰部分基础设施和水管理制订空间计划。因此，Province North Holland 也要审核大桥的建设。

上述所有组织、市政服务和公司，有他们自己的愿望、需求及要求。有些要求已经被纳入到设计要求。若有其他情况下行为、需要从一个组织获得许可或联系某一组织。

以上组织的要求将来会带来一些问题。例如，客户和 IBA 公司在初步设计阶段没有联系美国电力煤气公用公司，但是 IBA 公司的一位工程师听说美国电力煤气公用公司在一段时间之前已经声明不允许在他们的电缆上建一个几米高的地面路基。按这个工程师的说法，他在 IJburg 住宅区计划的早期阶段就已经得知了这个消息。如果美国电力煤气公用公司拒绝授权许可修建路基，那么就需要调整大桥设计。设计团队正在等待另一个项目，即通往大桥的公路项目。这个项目将在与美国电力煤气公用公司商榷之前开始。该公路项目由 IBA 公司的另一个设计团队负责。Diemer 和 IJburg 方面的项目被分为大桥项目和公路项目，这是由于 OGA 的整个项目预算分离造成的。

另一个问题很可能会与 DIVV 有关。设备维护和桥梁的检查都是必须执行的，例如，楼梯、轨道，或者是可以在桥底移动来检查桥梁或是桥梁喷漆的车。以前，在 IBA 公司参与的大部分设计中，DIVV 也参与其中。在大桥设计中，DIVV 并不是正式参与，但是在大桥建成后，将会转交到 DIVV。设计团队的工程师都很有经验，并且他们知道大部分的设施需要保养。但是为了避免将来在设计过程中出现问题，IBA 公司的工程师让 DIVV 咨询必要的设备保养方面的意见。在设计的开始阶段考虑设备问题是很容易的，但是在设计的最后阶段再考虑这个问题就难了，因此有必要修改设计并做进一步计算。

建筑师和工程设计公司之间会产生紧张气氛。工程师和建筑师都认为这种紧张气氛对做出优秀的设计是很必要的。按照工程师和建筑师的想法，建筑师应当尽力限制工程师权限，以免工程出现问题①。规范框架就限制了这些问题出现的可能性。建筑师坚持对大桥外观的看法，不会做出让步。这位建筑师在荷兰很有声望，而且对大桥设计很有经验。建筑设计具体设计大桥的外观、外形和结构，而工程设计处理大桥施工的问题。工程师尽量设计出与建筑设计相符的工程设计。在设计过程阶段，建筑师起主导作用，工程师的工作是尽可能地接近建筑设计。在初级设计阶段，投资方已经要求设计团队寻找降低大桥成本的方法，但前提是不能改动建筑设计。建筑师和投资方判断设计团队的建议是否在建筑设计的范畴内，以及是否与建筑设计相符。

IBA 公司的许多来自不同领域的工程师共同负责工程设计。两位工程师负责钢拱，另有两位工程师负责混凝土地基和桥柱，还有三位工程师负责施工期间所需的建设工地和建设程序的准备工作。这三位工程师中，负责建设工地准备工作的工程师受委托为大桥项目制定一份有关卫生和安全方面的文件。

设计和项目的负责人已任命。项目负责人与其他利益人，尤其是与投资方进行沟通。设计钢结构的一位工程师也是设计负责人。设计负责人负责各工程师和建筑师之间的信息沟通，设计和项目的负责人共同负责初步设计的统一及初步设计报告，每两个星期都会有一次设计会议以

---

① 这样能保证做出规范设计，因为"强制限制"在这种情况下的意思是在标准配置和工作原理的范围内。例如，建筑师和工程师似乎是指更薄的桥拱拱门或不太庞大的路段工程。

沟通信息。设计负责人已经为下个设计阶段制定了决策文件，每个工程师做出决策的时候就要填写一份表格。决策、做出决策的理由和决策所要影响的其他方面的工程师也要填写在表格里，然后将这些决定表格交给设计负责人和其他相关团队。

第三节　法律与法规

大桥应当安全并符合所有与大桥相关的法律。在允许施工前，应说明大桥设计的安全性，工程师要证明其设计的安全性，就要说明其设计遵循所有的法规并符合法律规定。大桥的安全性包括许多方面，通过参照相关法律、法规，并在观察期开始之前询问项目经理，可确定各方面的安全性。

第一，许诺大桥建设期间没有施工人员伤亡。伤亡事故在施工中经常发生。施工人员可能会从高处坠落、被重物压伤，或被坠物砸伤。如果能够限制高空作业并在设计中保证安全因素，那么可以避免这些事故的发生。

第二，在大桥的整个使用期，大桥应当能足以承受所有正常的负荷，以及事故发生时所产生的超负荷。

第三，IJburg 大桥远远高于水平面，并且桥拱也很高。桥上的人可能会向桥下扔东西，砸到过往船只，或者有人爬上桥拱。所有这类事情都应被考虑到。

第四，为避免船只与隧道相撞，大桥不能遮挡视线和雷达。

在接下来的分析中，我将继续讨论这四个问题，并陈述工程师如何处理大桥的这些安全问题。我会把这个问题分为使用期安全问题和施工期安全问题，因为与大桥使用和施工相关的法律和法规都不相同。

一、施工安全

欧盟指令 80/301/EC 给出工作条件的总体要求，欧盟指令 92/57/EC

指定施工现场卫生和安全最低要求。欧盟指令具体体现在"Arbeidsom-standighedenbesluit"（工作条件法令）的荷兰法律当中（Arbeidsomstan-dighedenbesluit，2004）。该工作条件法令要求为大桥施工制订卫生和安全计划。工程师、承包商和客户在卫生和安全计划的不同部分中承担责任。在设计阶段，设计卫生与安全计划的协调者应当列出并评估所有的危险情况。因为法律是程序化的，它要求列出所有的危险情况。在工作条件法令中有一些实质性的规则限制身体负荷以保护怀孕的和年轻的雇员。还有关于搬运负荷、砖块重量的法规。砖瓦设计团队不了解这些法规，因此并没有将这些法规应用到设计中。他们认为与这些重要法规保持一致是承包商的责任，因为承包商是施工现场的负责人。这也被认为是工作条件法令下雇主的责任。

直到最近，工程设计公司才总结了一份危险情况的全部列表，并将它作为投标说明的健康和安全计划。计划中提到了工人高空坠落、强制穿戴安全鞋、安全帽等个人保护用具等。一旦到了投标阶段，设计结果就不能改变。如果在早期的设计过程阶段有其他的选择，那么一些危险是可以避免的。在设计期间强制制定健康和安全计划，是因为在大部分的结果已经确定的情况下，健康和安全问题不仅在施工期间很重要，而且在整个设计过程中也是如此。现如今，人们更关注 IBA 公司内部的健康与安全计划的具体说明，而不是一个标准的列表。之前，健康与安全计划在设计的最后阶段制定，而现在在初步设计阶段一开始就要制定，并且在整个设计过程中不断改进。这个大桥项目是 IBA 公司的工程师第一次在初步设计阶段制定健康与安全计划。计划中列出了各种危险情况并提供了避免或缓解危险的办法，同时还提及在设计阶段是否已经采取措施或将来要采取的措施。在建造大桥的健康和安全计划中的所有危险与措施都要说明，在以后的阶段要实施这个计划。因此可以得出结论——在初步设计阶段的健康和安全计划不会改变初步设计。

健康和安全计划也需要改进、修订。这就意味着在修订工作完成后，需要制订一个新计划。IBA 公司的工程师没有制订这个健康和安全计划，而是由承包商负责这件事。但是 IBA 公司的工程师意识到他们的设计不仅要付诸施工，而且要被检查并保持合格状态。这就是说，也许还要配备包括楼梯、轨道、保证高空作业安全装置安全的设备、检修孔和电梯。在这种情况下，IBA 公司的工程师向 DIVV 请教要找哪些部门来检查和维修。

二、使用安全

"Bouwbesimt"（建筑法令）限制了使用中的大桥及其他建筑的最低要求，包括安全性、用户方便性、卫生和环境（Boliwbesluit，2002），要求的范围是从结构可靠性到建筑发生火灾时的紧急疏散。

建筑法令指的是 NEN（荷兰标准化学会）法规或 NEN-EN 法规（根据欧盟规定制定，并与其他欧洲国家法规一致的荷兰法规）。这些法规可适用于工程设计中的结构可靠性问题（参见第七章第三节第一点关于结构可靠性的更详细解释）。若将 NEN 或 EN-NEN 应用到设计中，那么条件就是设计要符合法律规定。那么可以设想，只要应用这些法规、设计就能满足建筑法令所提出的最低要求。在设计中并不强制应用这些法规，但是如果不应用这些法规，审查的重任就会转移到工程公司。工程公司要提供证据证明设计符合建筑法令的最低要求。这意味着如果可能应用这些法规，那么许多工程公司就会应用。

荷兰法规是由 NEN 下属的委员会制定的。委员会成员都是来自不同组织、公司、大学的有经验的工程师。当采纳委员会以外的工程师对法规版本的意见时，就会产生对法规发展的不同观点，如法规第一版。IBA 公司的工程师说当他们使用法规发现缺陷或遗漏问题时，他们知道可以向谁咨询。法规由委员会的工程师制定并维护。法规的解释及如何使用则由参与设计的工程师或小组来决定。在 IBA 公司中，所有法规的解释及计算都是由合作伙伴负责。在一个设计完成后，来自当地建筑检查部门的公职人员就会审查该设计，并确定该设计是否符合建筑法令。大多数情况下，这种审查包括法规的使用与解释，以及计算，有专门的课程教工程师如何根据法规设计。如果有新的法规，那么相关的专业的工程师就会组织工程师学习这些新法规①。

关于混凝土大桥和钢铁大桥的负荷，分别有专门的法规（NEN6723，1995；NEN6088，1995）。问题是这些法规还是根据 1963 年版法规制定的。法规中关于大桥上车流量的预测并不现实。轴负荷和频率都是根据这些车流量预测的，因此预测的轴负荷和频率很低，进而导致实际疲劳荷载大于用于计算大桥数据的负荷。用旧版法规中的流量预测来设计新大桥，那么由于疲劳损伤的原因，需要对大桥的大部分做彻底的更新。1990 年开通的一座大桥，在 1997 年发现大的疲劳裂纹（fatigue cracks）后，大桥的钢铁结构承载部分需要更新，一些疲劳裂纹需要立即修复（Barsten in de brug, 1997）。这种情况是很危险的，因为一辆重型卡车已经造成了大桥的局部受损，桥面的大坑可导致车轮陷入其中。

几年内会出台一部有关大桥的欧盟法规。这个法规将作为 NEN-EN6706 纳入荷兰法规，欧盟法规于 20 世纪 90 年代扩展。疲劳荷载更实际了，统计得更精确了，该欧盟法规的版本还不确定。在个案研究中，有个"初级第一版"。这就意味着对该版本的评论并不可靠。采纳评论后，该版本才能成为"第一版"。"第一版"欧盟法规是可用的，并且与建筑法规是一致的，但是也可使用旧版 NEN 法规。工程师和公司要对"第一版"作评价。在一段特定时间后，就要修改第一版法规，并将评论考虑在内，这样法规就成为完整版。目前，在大桥使用期，欧盟法规的完整版法规将代替 NEN 法规。

在设计 IJburg 大桥期间，要选择用 NEN 法规或是欧盟法规。欧盟法规有实际的疲劳荷载的规定。这样大桥使用期的材料就会增多。疲劳很重要，需要更注意细节设计：在疲劳荷载下不推荐使用有尖锐棱角的材料。欧盟法规中的安全因素比 NEN 法规低，因为负荷取决于低的不确定性。低的安全因素会使建设大桥所需要的材料减少。初步设计是用 NEN6723 和 NEN6788 来计算的，因为这些计算都是初步的，只是大概

① 非永久性负荷是由桥上的交通、冰雪或温差，以及其他非永久性条件引起的。永久性负荷是由大桥自重、不稳定的固定物引起的。

的计算，没有具体细节，因此没有必要在接下来的设计阶段继续使用NEN6723 和 NEN6788。IBA 公司聘请 Rijkswaterstaat 为其审核计算，他们很倾向于使用欧盟法规。IBA 公司的工程师们不知道使用哪个法规。他们很了解 NEN6723 和 NEN6788，而且在使用这两个法规方面很有经验。如果使用欧盟法规会让他们花更多的时间来计算。工程师们若没确定在最终设计阶段该使用哪个法规，客户和 OGA 就不得不做出决定。因为工程师们不知道使用欧盟法规会有什么结果，因此他们快速分析在初步设计阶段要使用哪个法规。客户可根据这个分析来做出选择。在下面的分析中，列出了使用欧盟法规第一版（Aalstein，2004）的支持和反对观点。

1）欧盟法规对疲劳荷载的预测更准确。

2）使用欧盟法规非永久性负荷更高[①]。但是，因为安全因素低，因此总负荷、非永久性和永久性负荷的总和更低。

3）使用欧盟法规，动态疲劳荷载更高，可用来决定最低厚度。在初级阶段计算的压力低，因此可以设想初步设计会满足欧盟法规的要求。

4）使用欧盟法规，资金的使用会受到限制。总之，使用欧盟法规的结果是使用的材料会更少。

考虑到这些分析因素，IBA 公司建议 OGA 选择使用欧盟法规。除了要在 NEN 法规和欧盟法规之间做出选择，还要选择适用于大桥不同部分的不同类型的法规。例如，运河两边墙体设计的作用是支撑大桥，并防止土滑到运河中。这样的墙体的主要作用是什么？如果主要作用是支撑路面，那么就应该根据建设法规来计算。如果主要作用是防止土滑到运河中，那么就要使用土工技术法规来计算。不仅这些法规各不相同，而且最后的材料厚度和质量要求也不同。在建设法规中，最主要的负荷是来自公路对墙体的垂直负荷。使用土工技术法

---

① 非永久性负荷是由桥上的交通、雪或温差，以及其他非永久性条件引起的。永久性负荷是由桥重、不稳定的固定物引起的（Dagblad，2005 年 3 月 30 日）。

规，主要的负荷就是水平的、受到土对墙体的作用力。根据咨询工程师得到的结果，在不同种类的法规之间做出选择是不常见的，但是在大桥建设时，这种选择是存在的。工程师认为选择法规用于计算是基于类似情况的经验之上的。

桥上的行人和司机都属于交通范围，因此所有的交通安全法律都与公路大桥有关。所有与交通安全有关的要求都要包括到设计程序中，如大桥的宽度、对骑自行车人和行人的保护，以及公路照明。IBA 公司没有设计大桥道路面层，因为这是 DRO 的责任，IBA 公司只负责大桥的工程设计。由于 IBA 公司没有明确地将大桥分为公路、人行道、自行车道等，而且大桥分车道对大桥施工不是很重要，因此，与公路相关的规定和法规，我不作详细阐述。但是，要考虑到大桥上可能发生的交通事故，这对工程设计而言是很重要的。小汽车或卡车会有撞上护栏或桥体承重结构的可能性，在这种意外情况下，大桥绝不能垮塌。法规中就有这样的条例，要求模拟小汽车或卡车撞上大桥承重结构，以及卡车紧靠大桥一侧停靠的情形。

IJburg 大桥部分位于公共通行地区，因此人们可能通过大桥的所有部分。人们可步行或骑车通过大桥。大桥高出水面 9 米，桥拱高出桥面 22 米。建筑法规要求要有防止行人被大风刮下大桥的预防措施，为了保护大桥上骑自行车的人和行人，大桥上要安放符合建筑法规的栏杆。

在初步设计阶段，没有防止行人攀爬桥拱的预防措施。一位工程师在接受访问时说，他认为应该采取措施防止行人攀爬桥拱，因为桥拱不陡峭，存在攀爬桥拱的可能性。而有些桥拱设计得很陡，是不可能攀爬的。于是，工程师认为有必要修建一个可以防止行人攀爬桥拱的门，因为没有哪个规则或法规规定桥拱是不可以通过的。在我介绍完案例分析的结果后，工程师们讨论了这个行人误用桥拱的问题。在讨论中，一位工程师认为行人走到桥拱的顶端（大约高于水平面 30 米）是一件很愚蠢的事情。他认为应当尽量让人们远离桥拱即可，但并不需要禁止。工程师们认为人们有责任谨慎并意识到攀爬没有保护的桥拱是一件危险的事情。最后，他们一致同意延期再讨论这个问题。他们认为在之后的设计过程中，有必要对桥拱做较大的改动，以避免人们攀爬桥拱。荷兰 Maastricht 市的一座大桥的桥拱并不是很陡（图 6.1），自从 2003 年投入使用以来，已经有至少 5 起行人试图攀爬桥拱的事件发生。城市委员会正在考虑安装闭路监控摄像头，并声称任何行为冒失的人都要为由此产生的营救行动买单（www. frontpage. fok. nl and Algemeen）。

(a)   (b)

图 6.1 荷兰 Maastricht 市的一座大桥

注：Maastricht 市供行人和自行车通过的大桥，人们有时试图从桥拱上通过（A. van Gorp）。

其他可能发生的危险行为是从桥上跳下、自杀和向桥下过往船只扔东西，在大桥初步设计阶段并没有注意这些危险行为，因为没有法律要求设计者采取措施防止人们从桥上跳下和向桥下过往船只扔东西。在荷兰，法律禁止人们从桥上跳下，但是没有相关的措施来预防人们这么做。在我介绍完后，工程师们在讨论中认为他们在设计中很注意这类事情，如拧紧很重要的螺栓，因为如果没有处理好，将会影响大桥的稳固性。在设计过程中，这种状况没有做详细陈述。工程师们还想知道应该防止其他形式的误用和谁应该负责考虑这种预防，关于这些问题，没有规范和守则。

在最初设计阶段没有讨论误用问题。设计领导者说在设计的特定阶段，他们已经决定为防止人们到达大桥的某些部位采取了一些措施，设计领导者还表示，当他们把设计送交土木工程部用于核查设计时，他们期待在这个问题上来自土木工程部的反馈。土木工程部的设计领导者认为，土木工程部对设计大桥有许多经验，并且对防止误用类型和如何防止有想法。大桥设计领导者希望土木工程部在误用方面能给他们提供意见和建议。可是问题仍然存在，即建筑师是否会接受一个栅栏门或者采取其他措施以阻止人们到达拱门。后来，这个问题在设计中遇到。

大型船只和集装箱船都要通过阿姆斯特丹–莱茵运河大桥向南到 Tieland，进而到德国。大型船只不仅需要很长的时间来掉头、停泊，还要避免与其他船只相撞。因此船长要有很好的视野才能看到上游和下游的船只，这一点是很重要的。大桥所在位置，运河不是直的，有个小弯道，如果将桥柱直接置于运河的堤岸上，就会阻碍船长的视线。土木工程部不会允许这样做，因此，要将桥柱置于岸上 10 米远处。这个位置有另外一个好处，如果将桥柱置于岸上 10 米远处，就没有必要要求桥柱要经得住船只的碰撞了。

桥梁上照明的设置也应该遵循以下原则，即不能使从其下面通过的轮船上的船长出现视觉盲点。雷达也用来辅助轮船航行，而桥梁会干扰雷达扫描，关于雷达的干扰是有规定的，土木工程部将会检查设计是否导致对雷达的严重干扰，土木工程部推荐桥梁与河面的平面垂直度要有 $5°\sim10°$ 的倾斜度以避免雷达干扰，桥拱向内倾斜 $15°$，这也与 IJburg 大桥的桥拱一致。道路两侧的横梁也有 $15°$ 倾角。根据土木工程部的要求，路面中部下面的横梁应该笔直且有斜坡。

工程师考虑到了所有提及问题的重要方面，但是在个案设计过程中使用"安全"这一概念时，他们却仅仅注重使用安全，而设计和建设过程中的安全被称作"健康与安全"。

三、可持续性

一些工程师在他们的访谈中提到：住宅和桥梁应该建于环境秀美之处，他们认为秀美的环境和特别的建筑是一个与伦理相关的问题。在环境秀美的地方开发住宅区的决议得到了阿姆斯特丹城市委员会的认可，这是一个重要的伦理问题，但却不是工程师们能真正影响到的问题。阿姆斯特丹城市委员会曾在 1997 年就市民是否同意建造 Ijburg 大桥举行全民投票。如果参与全民公投的民众比例足够高的话，城市委员会就将遵守公投结果。参与投票的大多数民众都反对建造 Ijburg 大桥，但是参与人数太少，未能达到应参加投票人数的比例。因为参与公投的人数过低，所以公投的结果未在决策过程中考虑，但对建造位置生态价值的考虑遵循了生态学的要求。

设计的要求包括了生态学的一个分支。应确保路堤两侧的植被不受破坏，所以路堤坡度要陡以防攀爬。还有工程师要在设计中考虑到筑巢燕子的需要（DRO and IBA，2003），工程师们不知道这条关于筑巢燕子要求的含义所在，也不知道他们能为此做些什么，因此在初步设计报告中，他们指出将不会考虑针对筑巢燕子的保护措施（Aalstein，2004）。

建造桥梁的要求包括一些关于可持续性的指导纲领。工作条件法令禁止使用某些特定的材料和物质，因为它们有可能伤害工人的健康（Arbeidsomstandighedenwet，2004）。这些材料和物质也对环境有害（如铅）。最近，对能源使用的要求也被纳入了建筑法令中，但只是涉及建筑物的绝缘设置，这与桥梁或隧道并无太大关系。还有涉及材料使用的要求（DRO and IBA，2003），如使用的木材必须是 FSC 标注的。FSC 标注保证了木材取自可持续生长的森林①。关于建造材料的选择方面，首先考虑环保材料。工程师打算采用土木工程部文件中有关材料和稳固建筑的纲领。在初步设计阶段没有使用该文件，但是工程师希望在最后阶段使用，并用于制定投标说明。

因此，尽管现有的法律和设计要求注重稳定性，但是在初步设计阶段却将其忽略。在一定程度上，这是由于在初步设计阶段不涉及材料的选择。在初步设计阶段的一次有关稳定性的讨论中，工程师表示希望有新的法律，该法律应规定限定涂料的挥发性，而且在大桥施工期能生效。在讨论保存和维护钢铁桥拱方法的同时，大家也讨论了涂料问题。要求中有一条是要有金属涂层，如铅涂层和涂漆的保护措施。这种保护措施

---

① 森林管理委员会是一个提供森林认证的国际性非营利组织。FSC 制定出一些要求遵守的原则和标准。这些原则和标准考虑了森林管理和社会问题对环境的影响，如工作条件和当地人的权利（www.fsc.org）。

成本很高，因此 OGA 希望有一个成本低一些的保护措施。根据 IBA 公司工程师的说法，使用金属涂层和油漆的保护措施很可能太昂贵，超出设计能力之外。他们认同 OGA 的观点，认为应该有一个更省钱的保护措施。但是 IBA 公司的工程师不仅关注涂料的品质和应用，他们还希望能降低维修标准。他们决定寻找一种既能保护钢铁桥拱又能保护类似大型桥梁的有机涂料。一位工程师联系了多家不同的涂料生产商，以确定哪种有机涂料适用于桥梁。在一次设计会议上他还提到，2007 年给大桥涂漆时，应该有一部包括减少涂料挥发性物质的新法律。他所建议使用的有机涂料的提案与即将实行的法律是一致的。

第四节　责任及担当

IBA 公司是经由 NEN-EN-ISO 9001：2000 认证的，该质量体系要求审查每一项计算和绘图。每个官方文件必须有工程师的亲笔签名，而且须核查工程师的亲笔签名。因此计算的责任被分给两位工程师：一位负责计算，一位负责核查。在审查完文件后，项目带头人也要签名以便发布给客户及其他相关方。该体系能让所有的决定都有据可依，NEN-EN-ISO 被证明是一个主要针对生产商的质量体系。

在访谈中，我问工程师们文件的审查与签字是否与责任问题有关，工程师们并不明确，并开始反问他们是否要为签过字的计算或其他文件承担责任。几乎没有哪个文件说明工程师要为因为设计问题而引起的人员伤亡负责，也很少有工程师因为这样的情况受到控告和判刑。大多数意外情况都能得到解决或者工程师免于追究责任。

例如，在一项诉讼案件中，涉案的三位工程师来自不同的部门。他们共同负责 ICE 火车车轮的设计。ICE 火车在德国 Eschede 从一座大桥上坠落，法庭因无法证实其重大罪名成立而结案（Oberlandesgericht-celle，2003）。2004 年 5 月 23 日，法国巴黎附近新建立的 Charles-de-Gaulle 机场坍塌，之后，一位地方检察官宣布将进行过失杀人罪调查

(Doden na instorten vertrekhal Parijs, 2004), 目前还不明确哪些公司、工程师或建筑师是否要承担责任。

总体上有三个标准可用来确定一个人是否要负责。第一个标准是违法的；第二个标准在违法与渎职之间有因果关系；第三个标准是找到一名承担负责的人（Boverns, 1998）。[①] 由于很少有工程师要为因为设计问题而引起的第三方伤亡负责，也很少有工程师因为这样的情况而受到控告和判刑，因此如何解释这些标准还不太清楚。

在客户和IBA之间的合同中，设计疏忽的责任是有规定的（KIvI, 2003）。设计疏忽被认为是有相关知识和方法的优秀、谨慎的工程公司不应发生的问题。客户须指出工程公司的设计疏忽，并给公司时间来修正疏忽。工程公司要承担修改设计疏忽的费用。工程公司要花费的最大限额是工程公司完成指定任务的费用额度，即100万欧元。因此，工程公司负责费用的限额是100万欧元，这只包括直接损失。在此合同中，如果是由于已建成的工程坍塌或其他很严重的故障造成人员的伤亡，工程公司则免于责任。

第五节　案例总结和规范框架

显然，IJburg大桥的桥拱设计是一个标准设计。拱桥的工作原理和标准结构都是众所周知的。从功能上来说，大桥设计也是很标准的。与其他拱桥相比，为该大桥制定的要求并不是特例。我研究了大桥的初步设计阶段，在此阶段会部分地建立一个大型公路系统将IJburg大桥和阿姆斯特丹连接起来。该任务的设计等级高于中等水平。该设计不是真正意义上的概念设计，因为大桥的建筑外形以及大桥的要求在之前就已经

---

① 遵守规范通常能证实该设计符合法律，但这不是反之亦然的。如果一个设计符合法规，并不一定意味着没有哪个标准是越权的，因为法律并没有要求使用法规。项目应当符合荷兰建筑法令的要求。通常情况下，遵守法规通常会使设计符合要求，但是即使一个明显不安全的项目使用了法规，也是违反法律的。

确定了。我注意到这不是一个详细的设计，因为设计细节应在最终设计阶段、投标说明阶段明确下来，还可能在投标之后由承包商来确定。

一、伦理问题

工程师认为稳定性在设计过程中确实很重要，但是大部分与稳定性相关的选择应当在大桥建设材料确定后的设计阶段做出。工程师期待在材料和可支撑的建筑上以土木工程部的文件为指导原则，并将有关稳定建筑的文件作为准则。在设计的初级阶段，有一些关于大桥钢铁桥拱的讨论，可以将这些讨论看做是对大桥稳定性的讨论。一些涂料包含更易挥发的物质，这对人类和自然都是有害的。到 2007 年大桥开始涂漆的时候，这样的涂料是禁止使用的。

在设计的初级阶段很重要的道德问题是安全问题。在这个阶段要选择使用哪个法规，法律上并没有规定工程师必须应用欧盟法规，但是欧盟法规中的疲劳负载更实际。如果 NEN 法规低估了部分负载，那么仍然使用 NEN 法规还合理吗？工程师们并没有提出这样的问题。如果当时可以使用第一版法规，他们会建议他们的客户在最终设计阶段使用欧盟法规。IBA 公司的工程师建议这样做，因为他们希望应用这样的法规能降低建设大桥的成本。我在第六章第三节第二点已经陈述了工程师放弃初步设计阶段报告的原因。在技术会议期间，还提出了一些其他反对欧盟法规的理由。一些工程师反对使用欧盟法规，因为他们认为欧盟法规与其他法规有很大的差异，而且还要花很多的额外实践来计算大桥的各种数据。尽管在技术会议上提到了反对使用欧盟法规的观点，但是在报告上并没有提到。报告中工程师给出的另一个观点是，使用新法规会增加设计的不稳定性。在第一版出版之前，如果工程公司提供证据证明新法规符合法律上关于安全性的规定，才能使用该新法规。但是这些证明要花费很多的时间和财力，因此工程公司宁愿使用已被证实符合当前法律的法规。目前，与使用 NEN 6723 和 NEN 6788 法规相比，工程师使用新法规的经验很有限。

关于使用的法规类型，还有另外一个选择要做。在为大桥的一些混凝土结构做设计的阶段，也要在不同类型的法规之间做出选择。如果选择土工法规而不选建筑法规，或选择建筑法规而不选土工法规，那么所选的法规要有混凝土结构所需材料的厚度要求。工程师不得不在两种法规之间做出选择，这对他们来说是额外的工作。大多数情况下，他们所要选择使用的法规类型是显而易见的。如果要处理有问题的混凝土结构，工程师要根据他们的设计经验来做出选择。

还有与工作条件相关的道德问题。与工作条件相关的法律看起来纯粹是程序化的，对制定健康和安全的规定仅仅要求要制定一个计划，并没有要求计划的内容。因此很可能要按照分配给 IBA 公司的任务来制订计划，并且计划中提及了所有可能出现的危险，但却不能减少出现危险的可能性。在初步设计阶段是很难减少危险的，用来制定合理的危险评估并提出措施减少危险的可能性的参考信息很少。但在之后的设计阶段就会有更多的信息可参考，如有关高压输电线的信息。然而，有更多的信息可参考并不意味着 IBA 公司要改变设计以减少危险，IBA 公司可以坚持阐明减少危险是建筑承包商的责任。承包商仅仅是将可能存在的各种危险列在健康和安全计划中，而不会减少任何危险的可能性，也不会采取任何预防措施。这就将责任转移到承包商和在建筑工地的工作人员身上，根据工作条件法令，这是他们在建设过程中最重要的职责所在。如果在建筑工地发生事故，那么承包商就要承担责任。但是，可以在初级设计阶段制定一些能确保在设计阶段安全施工的决定。尽管承包商和建筑工地工作人员要负主要责任，但设计工程师也要在施工期间为工作条件承担一定的责任。由于法律中的规定都是程序式的，并没有说明设计工程师承担什么责任，因此设计工程师是否应当为健康和安全承担责任就成为一个道德问题。

还不清楚在初步设计阶段要考虑什么样的无用行为。[①] 在这点上，审美与安全很可能会产生冲突。如果桥拱不是很陡，大桥一旦建成，有人就

---

① 注意：可移动大桥要符合欧盟机械指令（98／37lEc）。一项关于可移动大桥的荷兰法规——NEN 6787，包括一些冠以误用和进入可移动大桥的规则规定（NEN 6787，2004）。

有可能爬上拱桥。要想避免这种行为，就应当修建拱门，或采取其他措施防止人们攀爬桥拱，但是这样的大门会影响大桥的美感。在初步设计阶段，IBA公司的工程师并没有考虑任何措施来防止人们攀爬桥拱。工程师阐明，他们要为有护栏的大桥的设计负责，这样行人就不会被大风从桥上刮下，建筑法令对此有相关的规定。但是，目前并没有防止人们攀爬有潜在危险结构、向过往船只投掷东西及从桥上跳下的规定或规范。

IJburg大桥会成为一个公众场所，这很可能是成本与安全之间没有真正的紧密联系的一个原因。工程师认为客户和每个利益相关者对大桥的安全性都很敏感。如果工程师能给出明确的观点指明哪个想法或选择不够安全，那么这个想法或选择就会被放弃。每个利益相关者都希望使大桥安全。他们的目的是使大桥尽可能地安全，但是建筑设计要尽可能节约成本。

二、有关伦理问题的决定

设计过程是根据不同类别来组织的。在IBA公司，工程师们各有专攻，有混凝土设计、钢铁设计还有建筑场地和施工准备工作设计。在设计阶段，两位工程师负责钢铁桥拱设计、两位负责大桥混凝土结构设计、三位负责建筑场地和施工准备工作设计，另外还有一个项目负责人。负责钢铁拱桥设计的一位工程师也是设计负责人，一位负责建筑场地和施工准备工作设计的工程师还负责制订健康和安全计划。因此，要付出很大的努力才能为每个人找到在设计期间所需要的相关信息。设计混凝土结构的工程师做出的决定很可能对钢铁桥拱或整个建筑工地产生很大影响，反之亦然。因此，尽管工程师从事一个方面的工作，也应告知他们其他工程师的决定和设计。因为分工不同，不同的工程师会遇到不同的道德问题。例如，负责混凝土部分的工程师要处理的事情是要选择与不同混凝土部分相对应的不同类型的法规。尽管每个工程师都希望将工作条件考虑在内，并列出存在的危险，但是施工期间最重要的事情是健康与安全，这个责任就落在工程师身上，他们要制定出健康和安全计划。负责钢铁桥拱的工程师就面临误用问题，他们必须决定在设计阶段以后要预防什么样的误用行为。道德问题主要由从事一个项目的一个或两个工程师处理，如果道德问题很复杂，或者工程师的任何选择都会影响大桥的其他部分，那么就需要和其他设计团队成员讨论再做出选择。

要选择使用欧盟法规还是 NEN 法规，要由设计团队组织讨论，并由客户决定。土木工程部要审核大桥的工程设计。没有明文规定 IBA 公司要请土木工程部来审核大桥的工程设计，但是工程师们要求这样做，因为土木工程部在设计大型桥梁方面颇有经验。

要决定相关的道德问题，可以参考我之前提到的规范框架的内容。规范框架提供操作化、计算规则、最低要求等。这些都会被工程师应用到设计过程中。

三、规范框架

详细的规范框架被广泛应用在设计过程中，它包括法律、法规，并说明如何使用这些法律、法规。在某些方面，相关法律是很详细的，但在其他方面指的是法规。法律规定了安全性和稳定性的最低标准。当建设大型的建筑工程时，有至少三个不同的规范框架：一是有关在建筑和维修现场工作的工人的规范框架；二是有关大桥建筑的安全性的规范框架[①]；三是关于公路设计的规范框架。有可能还有另外一个规范框架，该框架规定大桥阻碍运河、河道和港口中船只的标准。

在此，我讨论一下规范框架中有关施工期间安全性的问题。有关工作条件的荷兰法律执行的是欧盟指令 89/391/EC（工作健康和安全总指令）和 92/57/EC（施工现场健康和安全指令）。有关工作条件的法律是概括性的，没有陈述目标，例如，员工不能在危险条件下工作。但是，法律补充了几条政策条例，规定了违反规定的处罚措施及对工作条件的审查，等等。所有这些条例更加详细，而且还补充了理解这些条例和法律的方法（Wilders，2004）。完整的荷兰工作条件规定体系构成了规范框架。

[①]　两个框架有重复内容，尤其是有关维修期间的安全问题的内容。建筑法令也制定了维修可行性的要求。

IBA 公司的工程师只是部分使用了这个规范框架，仅按要求制定了健康和安全计划。工程师没有考虑规范框架的其他部分，如更具体的条例。因为工程师只考虑了工程设计范围外的内容，因此只按要求制定了健康和安全计划，法律也仅仅为设计工程师指定了这个任务。根据 IBA 公司工程师的做法，完整的规范框架是针对承包商的，而不是设计工程师。

在这里，我不会讨论有关工作条件的规范框架是否是一个标准框架。我得出的结论是，在这种情况下工程师不使用规范框架。规范框架为工程师指定了一个任务，但是因为这个任务是有限制的、程序上的，因此他们在执行这项任务时不必使用框架的其他内容。如果工程师指定的健康和安全计划不能为建筑工地创造更好的工作环境，那么就有必要为设计工程师指定更多有关工作条件的实质性的任务，这就要求强制工程师们使用有关工作条件的规范框架。

另外，还有一个有关公路设计的规范框架。该规范框架规定了公路的宽度的最低限制，公路设计框架中对大桥宽度的要求是决定性的。因此，尽管工程师的工作不涉及公路设计规范框架，也要受到其中一些条例的影响。对规定大桥阻碍运河、河道和港口中船只的标准的规范框架，情况也是一样的。IBA 公司的工程师只了解其中的一些条例，而且只是将他们的设计交由土木工程部管理。因此，对规定大桥阻碍运河、河道及港口中船只的标准的规范框架，IBA 公司的工程师没有使用其中所有条例和法律。因此，即使有规定阻碍河道船只的标准的规范框架，这也不是 IBA 公司工程师使用的规范框架，而实际上是由土木工程部的工程师使用的。因此，在接下来的内容里我不参考该框架。

使用安全：是标准框架吗？

我将使用的标准框架是格伦沃尔德要求，因此可考虑将涉及使用安全的规范框架作为标准框架。首先我将说明规范框架中的各个部分，以及各个部分之间的联系。然后回过头来再看格伦沃尔德要求，并评估规范框架是否符合该要求。

该规范框架的主要组成部分是荷兰建筑法令。该荷兰法律执行的是欧盟法律，这是很正常的。在这种情况下，确实有个欧盟指令（89/

106/EC)，但是该指令针对的对象是工程产品，而非现实的工程。欧盟法令要求工程产品要有 CE 标志，并且使建筑具有安全性，不会引起任何健康方面的危险，在火灾中可安全疏散和节能（89/106/EC）。我将阐述应用与机械阻力和稳定性相关的要求，同时可在与工程产品相关的欧盟法令的附录 1 中找到对工程的总体要求。

要用这样的方式来设计和修建建筑项目，即在施工和使用期间，建筑的负荷不能导致以下的结果：①建筑整体或部分垮塌；②不堪负荷的变形；③损坏建筑其他部分、配件或安装设备，并导致承载负荷结构变形；④事故使建筑与原型不对称（89/106/EC）。执行详细规定工程产品指令的工程应当完全满足这些要求。

荷兰建筑法令提及有关工程产品的欧盟指令，但总体上来说，法令的核心是工程。建筑法令的部分要求很详细，其他部分的具体内容可参考法规，这里的法规是指荷兰 NEN 法规或欧盟统一的 EN-NEN 法规。大多数的国家法规最终应当与欧盟法规一致，以保证有一个自由的欧盟市场。

简而言之，这里的规范框架由欧盟和荷兰法律、法规、证明、解释方法、教学材料和课程组成。这个规范框架是否符合格伦沃尔德要求，从而成为标准框架？我在第二章第三节的第二点中将列出要求的框架。一个标准框架应当务实完整、局部一致、明确、认可、遵守（Grunwald，2000；Grunwald，2001）。

务实完整：框架合理完整。对工程师来说，所有决定都应符合框架的要求。框架中有一件事情没有明确的规定——误用。

局部一致：框架的大部分内容都是相关联的，没有矛盾，因为建筑法令是一个决策文件。最终，工程应当符合荷兰建筑法令。如果指定部分工程应用两种法规中的一个，如土工法规或建筑法规，但是这种情况是特例。不同的法规有不同的要求，因此，指定参考不同法规时，相同的部分看起来也会不同。这个问题只发生在某类工程的某些部分。此类工程要使用的法规类型是不确定的，可以讨论解决。因此，严格来说，该框架并不适用，在某些情况下，该框架允许使用不同类型的法规。

明确：此时的框架是明确的，但是新的欧盟法规会带来暂时的问题。

在不远的将来，有关桥梁负荷的欧盟法规会出现在第一版中，到那时，旧版 NEN 法规和新欧盟法规都可以使用。欧盟法规纳入完整版以后，这种情况还会继续。在这段时间里，工程师可以在这两个法规中任选其一。一些工程师可以直接选择使用新欧盟法规，因为该法规中对疲劳负载的预测更合理。另一些工程师也可以选择继续使用旧版 NEN 法规，因为他们对使用旧版 NEN 法规很有经验。

认可：该框架得到 IBA 公司工程师认可。从工程师的使用情况可以看出，该框架在工程领域得到了广泛认可。一切迹象表明，公众或政策制定者或工程师都接受这个框架。至于大桥的设计过程，没有迹象表明框架是有争议的，公众似乎接受了所建的大桥。近来，荷兰的大桥没有发生灾难事故。Van Brienenoordbrug 案就是使用 NEN 法规引发问题的一个案例。但是，在事故发生前就已发现并处理了疲劳裂缝（参见第六章第三节第二点）。

遵守：该框架是可遵守的。一部分归因于在公布建筑许可（permits）之前已对设计进行审查。法律上要求框架符合建筑法令，这似乎不是工程师遵守该框架的唯一理由。IBA 公司工程师希望设计一个安全的桥梁，他们认为这是他们的责任，并相信遵守框架是设计桥梁的好方式。

该规范框架大致符合要求，至少是部分符合，但不是完全符合。因此，该规范框架接近标准框架，但是 *Sensus Strictus* 不是标准框架。该框架与汽车规范框架和管道与设备设计规范框架相悖（至少与广为接受的桥梁设计规范框架相悖）。一旦第一版欧盟法规发行，该框架的内容就会不明确，因此，会出现一些问题，但是问题是暂时的。如果没有建筑结构误用的规定，该框架在程序上就不会完整。

第六节　致　谢

非常感谢建筑师 Wim Quist 和 IBA 公司的工程师在案例研究期间的合作。

第七章

轻型挂车的设计

> 工程师:"我真的想不出卡车和挂车与道德有什么关系,因为它们不是杀人武器。我知道有卡车撞死骑车人的事故,但是,那与道德无关。"

上面那位工程师将道德和谋杀联系起来。按照他的说法,只有设计的产品(是用来)致人死亡时才会涉及道德问题。他认为一些交通死亡事故是由卡车的意外情况造成的,卡车不是杀人武器,因此,在卡车和挂车的设计中也不存在道德问题。在荷兰,每年与卡车有关的事故中死亡的人数要多于枪击事件中的死亡人数——该数字来自荷兰统计数据库(CBS)(Statline,2003)和荷兰道路安全研究所(SWOV)〔www.swov. nl and (Van Kampen,2003)〕。不同的是卡车司机通常不是故意谋杀路人,但是卡车的结构和重量会让其他路人在与卡车相撞的事故中鲜有生还的机会。所以,如果由于设计问题致人死亡,那么卡车的设计问题就会包括道德问题。

本章的重点是研究设计过程，即挂车的初步设计过程。第一节将介绍设计中的问题。第二节说明做出决策的方法。在这个案例中，设计过程是做给客户看的。第三节的重点是挂车的安全性。第三节介绍得很详细，因为读者有必要了解工程师确定安全性的方法，以及使用这种方法的原因。工程师认为他们对交通安全不负责任，因此第四节中会介绍工程师应承担的责任。按照工程师的说法，政府、司机或客户应当对交通安全负有责任。第五节会得出简要结论。与其他章节相比，本章没有单独的一节来介绍可持续性。笔者认为没有什么要补充的，而其他的情况都已提过了，可持续性不再是重点（见第五章、第六章）。因此，尽管设计了轻型卡车，但是工程师和客户认为该设计与可持续性没有什么关系。第四章已经全面地讨论了与可持续性和轻型技术有关的问题，如回收轻型材料时遇到的问题。

第一节　轻型卡车挂车

一位叫 Ruflo 的客户拥有一家小公司，主要从事挂车的创新设计。他从另一家公司请来一个工程设计团队负责运输沙子的轻型挂车的可行性研究和初步设计。这个客户曾拥有一家很成功的生产挂车的大公司，他卖掉那家公司，然后创办这家小公司以致力于挂车设计的革新和研发。他在生产铝制挂车方面有着丰富的实践经验，但是他对诸如制作有限元件模型的复合材料、设计或计算方法等方面了解甚少。

接受任务的工程设计团队隶属于轻型结构研究中心（CLC）TUD-TNO（荷兰代尔夫特理工大学-荷兰国家应用科学研究院）。TNO 是一家资助政府和公共组织的研究机构，TNO 通过用实用易懂的语言来解释复杂难懂的科学技术知识来支持公司创新（www. tno. nl）。TNO 是大学和公司间或政府和公共组织之间的中间机构，它是一家商业公司，但是其一部分创新项目要由荷兰政府以津贴的方式来资助。CLC 是TNO 工业技术分公司的一部分，CLC 作为空间工程部与其他机构一样都位于荷兰代尔夫特理工大学内的同一座大楼内。大约一半在 CLC 工作的工程师都有空间工程的硕士学位，CLC 在设计轻型冷藏挂车方面有着相当丰富的经验。

如前所述，这位客户要求进行可行性研究和初步设计，他把这个任务交给两家工程公司。当可行性研究和初步设计都完成后，他才会决定继续进行哪一项计划。最重要的目标是设计比传统挂车更轻便、更便宜的挂车。规范详细规定了载重挂车的最大重量，因此，轻型挂车可以有更大的载重能力，挂车结构每节省一吨的重量都可用于运输更多的货物。该客户认为如果使用玻璃钢等复合材料设计的话，很可能生产出价格不是很贵的轻型挂车。

当对用不同材料生产的挂车的重量和成本进行评估时，可着手进行初步设计准备。此时设计处在停止状态，该过程的其中一个目标是确定是否可以用复合材料生产轻型挂车。"生产"这个词对客户和工程师来说有着不同的含义。工程师指定了一种方法，用这种方法能生产挂车，并计算材料成本来估算生产挂车的成本。客户希望 CLC 能与各公司协商生产挂车的问题，如发动机罩侧板和底板。对他来说，只要他知道公司能生产出价格合理的部件，那么就能生产出挂车。这些对"可生产"的不同理解有助于客户在初步设计阶段后做出停止设计的决定。

在欧洲，运输竞争很激烈，盈利很少，每增加一吨的货物都会增加公司的盈利，拥有一台轻型挂车是最经济的。如果空载的话，耗油就更少，而且在不违反超载规定的前提下能有更大的承载量。在荷兰，一辆卡车和挂车的车轴承重最多为 9 吨，而卡车或挂车加承载的总重量不能超过 44 吨，而在德国是 40 吨[①]。几年后这些国家的法律就会由欧盟法律所代替，到时卡车或挂车加承载的总重量不能超过 40 吨。挂车质量每减少 1000 千克就意味着可多运输 1000 千克的货物，因此生产轻型挂车的目

---

① 卡车和挂车总承载以及车轴承载的最高限度是根据工程师和客户的意见得出的。在《荷兰车辆规范》（2005 年）中，笔者找到车轴的最大承载是 10 吨，这个差别可能是欧盟调整的结果。车轴的最大承重和卡车-挂车总承重最终会在欧洲各个国家统一。工程师和客户很可能预测的是低一点的并与欧盟标准相一致的重量，因为这一标准最终是要统一执行的。

的不是为了可持续性，而是为了有更大的承载量。

原来设计的轻型挂车不如传统的欧洲挂车使用得广泛，卡车-挂车的构造或多或少有相同之处，因此挂车的设计要符合现有的交通规定，而且人们也期待挂车的设计能包括新的卸载系统，从而对常规的挂车结构能有所突破。工程师建议使用的材料并没有广泛地应用于生产挂车。CLC 已经设计了一种使用复合材料的冷藏挂车，但是冷藏挂车有个顶篷，而用于散装运载像沙子、农产品这样的挂车没有顶篷。有顶篷会使周边合拢，形成一个有扭力的、有劲度的箱体，所以没有顶篷的车体对劲度的估算是很重要的。散装运输挂车的正常构造被改变了，它包括一个新的卸载系统并使用了"新"材料。因此，笔者认为这个设计过程是激进的，这个设计大致是中等级别的。如上所述，挂车应当是传统卡车和挂车的结合体部分，因此，挂车的初步设计也是中等级别的设计。挂车是一个独立部分，要和另一个产品——卡车一起使用。

CLC 所使用的设计方法并没有被广泛应用于挂车设计。有些挂车生产公司使用了这些技术，但是大多数小型的挂车生产商还是凭检验来生产挂车。如果可以使用 5 毫米的铝制侧板，也许下一次挂车生产商就会尝试 4.5 毫米的薄板。

第二节　"客户永远是对的"

客户在决定设计方案过程中起着很重要的作用。这一节将列出客户在这一过程中发挥的作用，接下来将说明当客户缺席时工程师如何做出决策。

客户已经决定他需要一台轻型的、可能是复合材料制成的挂车用于新的卸载底板系统。客户研发了一种新的承载/卸载系统，该系统可在同一挂车上实现承载货盘或散装货物。多大承载下的灵活性能让空载的挂车减少行使的公里数？若想了解挂车上的承载/卸载系统，请参见图 7.1

（a）和图 7.1（b）①。如果挂车经常装载货物，而不是如图 7.1 那样空车装载—卸载—空载，安装这样的系统会更经济，甚至更可持续。

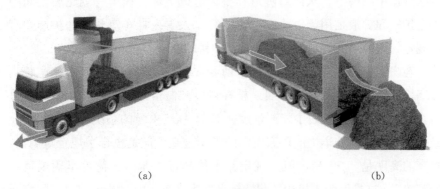

（a）　　　　　　　　　　　　　　　　（b）

图 7.1　装载和卸载散装货物

注：货盘上的货物从后门装入。底盘带着货盘滑至前方（感谢 Ruflo 制图）。

在第一次会议中制定了设计挂车的要求，这是由客户和工程公司合作完成的，但是由客户来决定设计中的规格，工程师介绍其意见并讨论应包括什么样的要求。如果客户相信这些要求可行，那么客户就会决定同意工程师的意见。客户要根据工程师的意见来决定使用哪些要求，因为客户要为这个项目出资。但是这种观点把问题简单化了：客户找工程公司咨询，而且要付钱，因此客户希望得到工程师的帮助。

所有要求都会以表格形式列出，大部分的要求都是详细的、适当的。例如，挂车的最大重量为 5000 千克；内容积应为 2.74 米×2.75 米×13.67 米；挂车的使用寿命是特定的，等等。有些要求与环境有关，也要应用到挂车设计上。例如，要避免石子或树枝刮坏挂车或使表面凸凹不平；有一个要求是关于价格的；还有一个要求是关于可持续性的。在初步设计阶段没有考虑空气动力学的要求，如果可能的话，应按照空气动力学的理论设计挂车。

这些要求还包括一些关于卡车-挂车的最高高度，安全护栏安装和后

---

　　① 两图演示的只是装载系统。该图画出时挂车还没有被设计出来，挂车最终设计可能会与图中的挂车有很大区别，但是图中演示的装载/卸载系统会成为挂车的一部分。

保险杠结构的规定（《荷兰车辆规范》，2005 年）。规定卡车-挂车的最高高度通常是为了防止损坏隧道和桥梁。卡车加挂车的结构太高，可能会卡在隧道中或桥下，从而对隧道和桥梁造成破坏。挂车一侧轮胎之间的安全护栏和护板是用于防止自行车及骑车人卷入挂车车轮下。根据现有的规定，这两个部件足可以达到安全的目的。

　　客户认为运输公司和挂车生产商经常不按规定做事。有时挂车装货太高，超过了允许的最大重量。桥秤可以控制卡车、挂车和货物的总重量，而且一些公路安装了能测量过往卡车-挂车重量的系统，卡车超载会被罚款。有时，挂车生产厂家生产的卡车过高，但是也合乎规定。例如，挂车的高度是 4.15 米，但是规定是不能超过 4 米（《荷兰车辆规范》，2005 年），这是因为飞机用的集装箱高度为 3 米，因此挂车的内高度应当高于 3 米，才能装载集装箱。护板、卡车和挂车的联结点在 1.15 米高处，因此卡车和挂车连在一起的高度为 4.15 米。在卡车和挂车上路以前，应当由政府公路交通部门出证明。使用一些小手段可以通过高度检测，如通过给车胎减压来降低车体的高度。因此，很可能卡车得到了相关证明，但是上路后高度会超过标准。在如瑞士这样的一些国家，规定严格、监控到位，因此司机们不会使用超高的挂车，否则他们会面临高额的罚款，并且很可能被逮捕①。

　　确定要求后，工程师们开始构思，而大部分的工作仅由两位工程师来完成。一位工程师是项目负责人，她有空间工程硕士学位和五年轻型结构设计经验。另一位工程师负责有限元建模，他也有空间工程硕士学位，学习了两年设计课程，具有七年轻型结构设计经验。他的特长是有限元建模。② CLC 是个缺少人手的机构。一位职员可以是一个项目的负责人，同时也参与其他的项目。虽然每位员工都应当尽力争取项目，但是需要明确分工，即一位来协调员工，另一位的任务是获取项目。主要的挂

---

　　① 瑞士有很多长隧道，如果一辆卡车-挂车卡在隧道里，就会增添危险性。当然等卡车-挂车被拽出来也会耽误很长时间。

　　② 从这开始，我使用"利兹"这个名字来称呼项目负责人，"汉斯"用来称呼有限元建模工程师。"泽奥"用来称呼他们的室友，一位纤维增强塑料结构设计专家。

车设计团队只是由上面提到的那两位工程师组成，但是他们需要找其他的工程师来做鉴定。两位工程师经常在一起工作。一位是用纤维增强塑料做结构设计的专家，作为项目有限元行家在一个房间里工作，并在设计过程中提供意见。另一位工程师有很多挂车设计的经验，他会经常咨询第一位工程师的意见。工程公司里的这个部门的工作环境是开放式的。

利兹（Liz）作为项目负责人负责项目的计划以及与客户的沟通。汉斯（Hans）负责有限元建模和计算。一开始，汉斯很被动，但是在后来的设计阶段，他就不再这样了。汉斯开始时的被动表现很可能是由于当时他还有其他的项目，还有很多工作要做。这些责任和任务的分工不是固定不变的。在工作过程中，他们会讨论应该做什么以及谁来做。当需要收集某个资料或做一些计算时，通常就会分配任务，这通常经过几次随机的讨论就可以完成。

> 汉斯正在和利兹谈论要帮助客户了解有限元模型有限的适用性："你要帮助客户了解这个情况，这样他才能明白我们只是做一个粗略的模型。如果他想让我们对尺寸做更精确的计算，那么他还需要一个新的精确的模型。"

> 汉斯告诉利兹他的责任："你负责计算强度，我只计算劲度。"

> 利兹："我认为必须向客户报告这个情况。"

当工程师们共同工作并努力决定做什么以及哪种选择能奏效时，可以通过很多方法做到这一点。利兹和汉斯以及其他的工程师有时会竭力说服对方。尽管他们并不能总是做到这一点，但是他们还是尽力达成共识。有时，作为一个团队的方案太粗糙，因此没有办法说服对方，这样的事发生过。比如，利兹和汉斯查看有限元模型并思考改变某些材料的厚度，以及什么样的承载会对挂车产生何种程度的变形。也有这样的情况——一位工程师已经制订好一个方案或想好要做的事，通常这位工程师会竭力让其他工程师相信他的想法是可行的。如果工程师们达成一致，那么就开始讨论新的问题；如果有人不同意，那么就要有一个人来决定做什么，这个人会是利兹，其他工程师就不会再说"我们看看会发生什么事吧"之类的话。如果做出决定还是有人不同意，那么也不代表这场讨论就结束了，讨论可以随时进行。

在这个工程公司同时进行的另一个项目中，我发现如果每个人都负责一部分工作，那么还有一个办法来做决定，即每个人决定自己负责的那部分工作。这样讨论就显得多余了，但是也不一定。例如，工程师喜欢用自己的观点反驳同事的观点，因此工程师也许会就别人负责的工作展开讨论。

如果工程公司和客户开会，他们会选择坐在会议桌的两边。工程公司的工程师坐一边，客户和他的顾问工程师坐在另一边。在会议中，CLC 的工程师好像一致维护一个观点，几乎没有不一致的意见。在这样的会议期间，一位工程师提议在挂车的某个位置设计一个便门，这样可以在便门的后面拆除零件。在 CLC 工程师们的讨论中，同样是这位工程师阐明，他认为不应该让结构部件上的便门承受负荷。

工程公司和客户大约要开四次会议，利兹要为这些会议做陈述，在这些陈述中给出可选择的某些观点。例如，在确定要求的会议之后的首次会议中，陈述中提出了可以满足设计劲度的三种不同的选择。一般情况下，在挂车设计中在挂车底板下方使用铝梁或钢梁以增加劲度。这种在挂车底板下方使用铝条或钢条的结构通常被称为底盘。这种情况就需要使用不同的材料和设计来解决。第一种是用复合材料制作车梁。第二种是在底板下安装抗扭箱模块。这些方法都是拟定的，其好处和坏处都被列了出来。这样客户就可以据此做出选择。利兹更倾向于使用抗扭箱模块，这也是客户的选择。在后来的设计过程中，客户认为"装有抗扭箱模块的底盘"可能会不稳定，他说运输公司可能不会喜欢与他们熟悉车型完全不同的设计，他认为运输公司和卡车司机都太保守了。

在后来的陈述中还提出使用不同的材料制作侧板和底板，以及在承载计算中对这些材料成本、质量和张力的估算结果。每次会议的内容都是一样的。利兹或汉斯先介绍一些方法或一些有限元的估算结果，然后是讨论，最后由客户做出选择。客户的选择看起来是有所偏重的。比如，他不会选择使用木材或钢材，因为他说："木材是一种过时的材料，而钢材总是会生锈。"根据工程师的意见，使用钢材能让挂车轻便。虽然确实会有腐蚀的问题，但是漆上一层涂层就可以防止腐蚀了。会议最后会概括重述会议期间的决定，这样与会的每位成员都能清楚接下来要做什么事。

第三节　在何种意义上是安全的？

在讨论中工程师并不经常提到交通安全的问题。在一次关于底盘不同设计的讨论中，工程师提出可以选择使用能保护骑自行车人的安全护栏。在有限元模型和承载方案中都提到了安全因素，但是都只是关于结构稳定性的。然而，和结构稳定性相比，有关挂车的稳定性问题要大得多，此类交通事故经常发生。在荷兰与卡车相关的交通事故占13%。现在，对撞击适应性问题的认识越来越重要。在不同车辆撞击事故中，车辆的重量、劲度和高度会导致同一车辆中乘客遭受不同程度的伤害，而其他车辆的乘客很少或不受伤害。例如，卡车很重，这是很难改变的，但是通常卡车的结构会使它在与一辆小汽车相撞时不会变形，而小汽车会冲到卡车底下，导致车中的司机和乘客死亡或重伤（图7.2）。要注意，一辆挂车离地距离大约为1.15米，因此小汽车的前盖和框架会冲到挂车下面。通过改变卡车和挂车的设计可以减少撞车事故中小汽车冲入卡车和挂车下面的可能性。

当卡车转弯时骑自行车人可能会滑入挂车车轮下，尤其是城市里的卡车司机转弯时有时无视骑自行车人。政府要求卡车安装盲点后视镜和安全护栏。这应该能防止此类事故发生，但是盲点后视镜经常安装得不正确，而且安全护栏不能绝对地保护骑自行车人和行人不被卷进车轮下。挂车制成后就应安装盲点后视镜和安全护栏，这样能防止交通事故中小汽车冲进卡车或挂车下。防护措施可以加到挂车结构中，但是也可以加

图 7.2　卡车和挂车

注：图中的挂车没有保护骑自行车人安全的安全护栏，这是为了演示小汽车和骑自行车人可能滑入挂车底下时的高度。法律要求后面三个车轮与前面一个车轮之间要有两个护栏，防止骑自行车人和行人滑入（图片由 Piet Knapen 提供）。

到挂车结构的设计中。欧盟正准备制定防止小汽车驶入挂车下面的规定，并准备在近几年内实施。但是，在当前的日常设计中也可以加入一些预防措施。

在一次会议中，来自工程公司的工程师/销售人员提到由克朗（Krone）制造的安全挂车（英文写为 Safeliner）不会让小汽车开到挂车下面。同样是在克朗的设计中，卡车的侧面被完全包起来，防止骑自行车人和行人在事故中被卷到车轮下。在 Safeliner 设计中，交通安全因素没有加在最后的设计中，而是被考虑到结构设计中（www.krone.de）。客户认为 Safeliner 应该会很贵。

在这种情况下，工程师们将结构可靠的挂车视为安全的挂车，而没有注意到交通安全因素。这部分原因要归咎于客户。客户在一次谈话中说交通安全很重要，这也是挂车形象的一部分。他的想法就是将挂车侧面完全包起来，但是他没有考虑将这个包起来的想法用到结构设计中去，因此他也没有把这一点加到结构要求中。对客户来说，作为挂车外形的一部分，应该在设计车体侧面的覆盖物和防追尾钻底护栏之后，再加到挂车的结构设计中。在 Safeliner 设计中，侧面覆盖板是挂车结构的一部分。

一、结构可靠性

按照利兹和汉斯的说法，一辆结构稳定的、驱动状况良好的挂车才是安全的挂车。结构安全性包括几个不同方面：挂车的强度对防止极限承载下的意外事故是很重要的；挂车一些部件的疲劳也是个问题；底板和侧板的劲度应足以防止极度的弯曲和偏移；抗扭刚度的大小会影响驾驶和移动可能性（Gere and Timoshenko，1995）。

挂车底板的劲度是至关重要的。因为它要符合卸载系统工作的标准，当体重重的司机走过空载挂车时不能有不稳定感觉。如果底板或侧板易弯曲，挂车看起来也不稳定。工程师们把这种对稳定性的要求称作视觉要求，也就是说，从外观看起来挂车应当是稳定的。在设计要求中陈述了视觉要求——底板偏移不能超过 20 毫米。这个规格普遍应用于工程公司的挂车设计。

按照利兹的说法，抗扭刚度（劲度）是一种主观要求。一些司机喜欢劲度强的挂车，因为他们更喜欢劲度强的挂车的机动性，而另一些司机喜欢劲度弱一些的挂车，也是因为喜欢挂车的机动性。

人们展开了讨论决定设计主要问题是劲度还是强度。工程师们认为两者中有一点在最后会决定用于挂车制造的材料的厚度。针对一些设计问题，强度要求是非常苛刻的，强度要求会决定厚度限度。基于工程角度的判断，工程师们最终认为挂车的劲度应该是起主导作用。

与这个问题相关的事实是只要得出所有的设计细节，就要计算出局部强度。尖角和连接处对局部的强度有很大的影响，因为这些地方会导致应力集中。即使是一个整体都很有强度和劲度的结构可能也需要强化某些应力集中的部位，在具体的设计中要考虑到这些加固的因素。在可行性研究和初步设计中，工程师只考虑到了挂车整体的强度，在初步设计中明确了需要计算强度的部位。

承载方案和容许应力或张力（金属部件的应力和复合材料部件的张

力）是用于计算劲度和强度符合要求的设计中材料的厚度①。计算容许张力和承载方案都要由工程师来做出选择。如果工程师高估了容许张力或低估了承载方案，那么挂车在正常使用中会出现故障。

容许张力

容许张力或容许应力有不同种类。一些指的是永久负载的最大限度，另一些指的是最大负荷下的最大限度。最大张力用于复合材料，这些张力包含的安全值是 1.5，因为复合材料都是非同质的材料。在生产复合材料期间，尤其是编织纤维和将纤维与树脂合成时，可能会产生瑕疵，这会降低复合材料的性能。

使用了复合材料，有时适度和温度会降低过期材料的机械性能，因此转换因数要将这些影响考虑在内。对使用不同转换因数的复合材料，不同的组织明确了不同的容许张力。汉斯在游艇设计方面有着丰富的经验，而且他在游艇设计中就应用了由劳埃德登记处制定的容许张力最大值。利兹刚刚完成了一个项目，她使用的容许张力最大值是由 CLC、Rijkswaterstaat 和一家荷兰城市工程研究中心（CUR）共同制定的。在这个项目中他们使用来自文献和设计实验的数值，用来确定不同生产方法生产出来的复合材料的机械性能的下界。这就需要在不同的容许张力最大值之间选择，也就是说，选择由劳埃德登记处制定的容许张力最大值还是由 CLC、Rijkswaterstaat 和 CUR 提供的最大值。

> 汉斯："劳埃德登记处认为可容许 0.25% 的张力。"
>
> 利兹："0.25%？泽奥说可以容许 1.2% 的张力，但是需要一些安全系数。"
>
> 汉斯："在有压力和拉力的要求下可以容许 1% 的张力。那么，事实上与有压力要求相比，在有拉力要求下容许张力可以高一些。但是如果与用于压力的力相同，则可以容许安全系数

---

① 在像金属这样的同质材料中使用容许张力，因为应力在同一部分中是持续的。在像复合材料这样的非同质材料中，不同层的应力也不同。在这种情况下，就使用容许张力，因为张力在同一部分是持续的。要注意应力指的是力的强度，也就是每单位面积的力度，而张力指的是每单位长度的延伸度（Gere and Timoshenko，1995）。

为 4 的 1.0％的张力，这样才能得到 0.25％的张力最大值。"

利兹："这个结果是矛盾的，因为泽奥得到的是安全系数为
3 的 1.2％张力最大值。"

利兹以前没有使用过劳埃德的数据，她不知道这些容许张力值说明了什么，又不能说明什么。因此，她还是更倾向于使用由 CLC、Rijks-waterstaat 和 CUR 制定的容许张力最大值。在一次向顾客的介绍中，幻灯片上介绍的容许张力最大值是 0.35％。

承载方案

承载方案能有助于工程师计算材料厚度的最大值。承载方案说明了可能发生的情况，包括使用挂车时施加在挂车上的力。如果承载方案致使张力高于容许张力，那么材料的厚度应当加厚或者另选材料。通常有用于正常使用的方案，如装运沙子的挂车转弯；也有用于可能发生的更极端要求下计算力的承载方案，如满载挂车经过路面凹坑速度过快的情况。

在设计过程中承载方案是未知的。利兹有设计挂车的经验，但是这是第一次设计承载沙子的无车顶的挂车。工程师不知道挂车转弯时沙子会如何运动，沙子也许会产生位移并以它全部的重量对侧板产生推力。工程师会参考之前项目中的一些承载方案，但是在这个设计项目一开始，利兹和汉斯尽力用有根据的猜测及空间工程方法得出承载量。

有根据的猜测的一个例子是，利兹认为挂车的抗扭刚度应该比现有的铝制挂车高一些。在设计阶段，铝制挂车连接侧板和前板的焊接有些问题。这些结构的裂纹可能是侧板移动或位移使焊接点产生极度压力而造成的。挂车抗扭刚度更强一些，或者连接点更有韧性就能解决这个问题了。

该空间工程方法结合了一种普遍应用于汽车工程中的动力因数，动力因数是用来说明挂车的其他作用力的。例如，当遇到路面上有坑洼时，此时的动力因数是 2[①]，极限承载是货物总重量的 3g 倍（1.5×2g），g 表示重力加速度。按照利兹的说法，挂车生产商使用的总因数是 3，这个因

---

① 这确实在手册中提到了。应当包括用于说明不平路面的动力因数，但是建议的动力因数是 3（Fenton，1996）。

数是依据之前的挂车项目制定的。

所有的计算都使用了承载沙子的最大质量 32 吨和最大轴重 44 吨。沙子最大承重的计算考虑了卡车加挂车和承载容许最大总重量 44 吨，挂车重量 5.5 吨，卡车重量 6.5 吨。44－5.5－6.5＝32 吨，这样剩下可运输的承载量是 32 吨。

在设计阶段承载方案有所改变，而且挂车和承载方案的设计是同步进行的。在第一个有限元计算中的承载方案如下：

底板承重：32 吨，动力因数 2，安全因数 1.5，因此底板承重 32 吨×
3g（g 表示重力加速度）

底板承重和侧板受压：底板承重 32 吨×3g＋作用于侧板的流体静力学
压力"沙子密度"×"高度"×g

转弯：挂车转弯时，沙堆承受的重力范围为底板承重 32 吨×3g 和侧板
受压 32 吨×3g

如果使用这些承载方案的话，就要用有限元来计算。这样的计算结果出乎意料：如果转载沙子的话，作用于侧板的压力会导致 40 厘米的位移！利兹和汉斯得出结论，认为该承载方案不可行。

汉斯："使用这样的承载方案会让我们的设计失败。在设计铝制挂车时我们能不能和客户使用不同的承载方案？"

利兹："这很难办。他们无法交付承载方案，我们得使用其他项目中使用的方案。"

汉斯："其他项目确实有承载方案，但是我们要知道客户对他的铝制挂车有什么想法。如果明智的话，你就得改变承载方案，要不然我们就得将质量减少 10％。"

利兹："但是客户无法给我任何承载方案，就连现在他们生产的铝制挂车也没有承载方案。"

汉斯："客户是靠经验生产铝制挂车的，这是很危险的。他知道可以减少材料的厚度，因为这样很可行。这种情况在游艇

制造项目中也出现过。我们在计算中用的承载方案太精确了，这样会导致超重设计。可以说材料是必需的，因为我们已经计算过了，但是很可能已经使用了太精确的承载方案。"

　　利兹："我们可以和现有的铝制挂车的强力和劲度做比较，得出我们的想法是否可行。"

　　汉斯："那么你就要对两种情况都做计算——用于他们铝制挂车的计算和用于我们想法的计算，并和他们的相比较。"

根据工程师自己制定的要求位移最大值为 20 毫米，底板 34.5 毫米的位移太大了。工程师们开始讨论这是最初卸载情况下的底板局部弯曲还是底板的整体位移，讨论最终决定应排除安全因数 1.5。安全因数是用来得出限定承载和极限承载的，而且对在承载方案中使用什么承载，工程师们好像改变了想法。一开始，工程师们用极限承载来计算底板的位移，然后最终决定使用限定承载。他们讨论认为位移是劲度要求之一，应当始终使用限定承载来计算。按照利兹和汉斯的想法，在极限承载要求下，允许结构有一定程度的失败，因此，极限承载对劲度要求来说太苛刻。使用限定承载而不是用极限承载能将底板位移减小到 $34.5 : 1.5 = 23$ 毫米（计算是有线弹性的），这个结果很接近所要求的最大值 20 毫米。

　　对转弯情况，承载方案也去掉了安全因数 1.5，但是侧板的位移还是超过 1 米。结果，动力因数（2）也从方案中去掉了，但是位移还是大约 1 米。利兹和汉斯开始怀疑对沙子完全承载会对侧板有推力的假设是否合理。经过讨论，承载方案做如下更改：

底板承重：32 吨，动力因数 2，结果为 32 吨 $\times 2g$（g 表示重力加速度）
底板承重和侧板受压：底板承重 32 吨 $\times 2g$，以及作用于侧板的流体静力学压力 "沙子密度" $\times$ "高度" $\times g$
转弯：转弯过程中，沙堆处于重力范围内，作用于底板和侧板的力为 32 吨 $\times 1g$
扭力：将使用扭矩 1 牛·毫米

正如在之前对话中可以看到的，利兹和汉斯也决定制作现有铝制挂车的有限元模型用于比较。以上这些承载方案都用于现有铝制挂车和概念复合材料挂车的有限元模型中的位移计算。转弯承载方案还导致了侧板的极端位移，铝制挂车290毫米，概念挂车770毫米。工程师们开始思考当推力负荷完全作用于侧板时，挂车是否会翻车。作用于底板的计划承载和作用于侧板的压力对导致铝制挂车侧板位移60毫米。当挂车承载时，这种位移很可能是可见的。这种可看见的侧板位移会让挂车承载或转弯时看起来不稳定。根据利兹和汉斯得出的结论，侧板的压力足够低了，这样就没有强度的问题，只有劲度的问题。

为了检测承载方案是否可行，利兹问顾客是否看到过满载的铝制挂车的侧板有位移。顾客说他没有看到铝制挂车侧板有位移。利兹认为这可能是沙子没有在侧板上施加流体静力学压力。沙子内摩擦力能防止沙堆完全滑向侧板。由于利兹和汉斯都没有有关计算沙堆内摩擦力的经验，而且他们用于初步设计的时间有限，因此他们决定侧板的劲度应与现有铝制挂车侧板劲度相同。因此，他们决定跳过底板承重和侧板压力方案。他们计算的是现有铝制挂车侧板的劲度并设计复合材料挂车侧板有相似的劲度。

顾客说他没有看到铝制挂车转弯时侧板有位移。用上文所给的承载方案计算，铝制挂车侧板会有290毫米的位移。即使真的有位移也看不见。利兹和汉斯最终确定沙子作用于侧板的推力的承载方案太苛刻了，他们决定将之前项目的承载方案作为转弯承载方案。该承载方案用于手算。

仅保留了两个承载方案用于有限元模型计算：

底板承重：32吨，动力因数2，结果为32吨×2g（g表示重力加速度）
扭力：将使用扭矩1牛·毫米
转弯：不使用FEM计算，而用"手算"
制动：不使用FEM计算，而用"手算"

正如上文提到的，按照工程师的说法，其他的方案都不适用。其中一个方案，即底板承重和侧板受压方案，因为毫不相干而弃用；一个方案，即转弯方案计算，存在误差；一个方案，即底板承重方案，有改动；一个方案，即扭力方案，没有改动，但是却算不上一个真正的承载方案；一个方案将用于说明什么样的承载才是适合的。为了确定扭力劲度，模型上安放了一台测量扭力的装置。如果在有限元模型中引用之前提到的两个方案，底板的最大位移是 33 毫米[①]。利兹和汉斯解释说此位移是用 $2g$ 来计算的，因此，如果在挂车闲置时位移仅为 16.5 毫米。这也确实在最大值 20 毫米要求范围内，但是利兹希望差数更大一些。

　　汉斯："事实上，让我们看看相关位移，因为我认为这是关键所在，而且很可能差数要小得多。这确实是因为底板弯曲的缘故，你可以看到黄色部分不是 0。"

　　利兹："黄色部分是 6。"

　　汉斯："是 7，位移的范围是 7～33 毫米，因此 33－7＝26，之后再除以 2，弯曲是 13 毫米，$1g$。"

从这段话可以看出，利兹和汉斯最终确定弯曲部分的最大跨度应小于 20 毫米，而且不是位移的总数。弯曲部分的最大跨度是 13 毫米。因此，底板弯曲完全符合要求。材料内部的压力和张力低于容许压力和张力，因此，概念复合材料挂车有足够大的劲度和强度。

利兹和汉斯也很快就计算出一个体重较大的司机走过挂车时是否会导致挂车弯曲过大。为了计算出结果，他们考虑在面积为 20 厘米[①]的表面上施加 200 千克的重量，这样能模拟一位体重较大的司机单脚站立的情形。结果底板的张力低于容许张力，而且司机不会有底板向下塌的感觉。

转弯和制动的承载方案是手算的，没有使用有限元模型[②]。需要用承

---

　　① 注意，这与工程师之前得出的 23 毫米不一样，但是材料的厚度已经变了。正如我之前说明的材料的厚度和性能随着承载方案而改变。

　　② 这些计算叫做"手算"，但是对大多数的计算，一个计算机程序（Mathlab）就可以解决纠差的问题。这个计算机程序在工程领域被广泛地应用，用于分析和数字计算。与有限元程序不同的是有限元计算的往往是用数字解决问题，为了执行这样的计算就需要制作产品模型或部件模型。用 Mathlab 程序则不必做模型。

载方案来做制动和转弯的计算。制动和转弯期间，对质量和加速度估算是很有必要的。工程师们用之前项目的结果来估算质量和加速度。汉斯在重新组织项目结果之前遇到了很多麻烦。报告中的数字有一些打字错误，这就使得重新组织将什么样的承载加到其他哪个承载变得异常困难。例如，由直行施加的承载经常被加到其他的承载中去，如制动或转弯。在有限元计算中制作了完整的挂车模型，他们用于计算的承载是沙子的承载。手算是从轴重开始的，将 9 吨承重定位为标准。加速度数字来自之前项目的报告。工程师尽力将挂车轴附近的几何形状与用于计算压力和张力的几何图形相比。例如，某种形状结构的惯性是用手册中的标准集合图形计算的。在这些计算中，工程师竭力确定什么样的材料厚度和什么样的复合材料的纤维定位能得到低于容许张力的张力用于复合材料，以及低于容许压力的用于铝制部件的压力。工程师们讨论多大的张力才在容许张力以下，因为一些承载结构需要打洞，以便和其他部件相连接，这会很难算出复合材料的集中压力或张力。因此要求张力要大大低于容许张力，以容许孔周围的集中张力。

二、误用与超载

会议上，客户讲了一些有关误用挂车的事情。在运输中，一些挂车超载也不足为怪。此设计中用于复合材料的承载要大于容许的 32 吨。正如前面所述，卡车加挂车要接受定点检查和承重，但这种事情不经常发生，而且司机会故意不顾一切地承载一辆超过 32 吨的挂车。客户说，他之前的公司收到了法庭的裁定，裁定认为挂车生产商应该知道挂车经常超载，他们在设计挂车时应该考虑到这一点。在设计中应该包括多少额外承载，这一点是很清楚的。工程师已经计算出了 32 吨的承载，但是客户说承载有时会高达 40 吨。无论是客户还是工程师都不能改变要求或是建议为承载超过 32 吨的挂车做估算。在笔者和利兹谈话时，利兹说她不是很清楚她是否应该在设计中考虑挂车超载，她没有注意到有关超载的言论。另外，要求中要求应承载 32 吨的沙子，但没有超载允许量的要求。利兹和汉斯说如果一辆挂车因此超载了，而且司机开车超速，这些行为都超出挂车设计的安全限度。因此，超载会减少安全限度。在笔者与汉斯的交谈中，他想知道谁应该负责决定考虑超载的问题。汉斯得出结论认为客户应该承担这个责任，并改变他的要求。汉斯和利兹说客户比他们知道更多关于挂车使用和误用的事宜，因此如有必要的话，应该由客户来决定在他的要求里考虑超载的问题。利兹还说超载不一定会带来麻烦，因为设计最强调挂车的劲度。因此，挂车的强力足以承受超载，承载超过 32 吨，底板会产生位移，但是这不会影响挂车的正常使用。

　　另一个可能产生的问题是挂车拉杆的错误使用。前面提到过，挂车没有车顶，没有车顶可能会使挂车承载时不稳定。货物推力作用于侧板，而侧板仅仅固定在底板上，侧板可能会向外偏移，如图 7.3 所示。

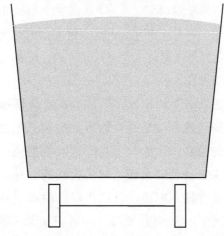

图 7.3　挂车转载沙子并且拉杆打开时的示意图

　　为防止这种事情发生，三个拉杆都插在侧板中间的上端。这些拉杆在使用时大多固定在原处，但是在往挂车上装载长的材料时需要移开拉杆，装载完毕则归位[①]。在讨论挂车误用时，汉斯问客户拉杆是否一直插在那里。如果拉杆不能固定，会降低挂车整体的劲度，侧板会各自移动。客户的回答是尽管他知道有些司机运输甜菜时，可能装载得太多，以至于无法将拉杆重新插上，但是他很少看到装载后拉杆没有归位的情况。

---

① 挂车被设计成从上方装载货物，当装载长的材料时拉杆会妨碍装载。

按照客户的说法，如果侧板发生移动，就能发现。他还说他的客户被告知不能这样使用挂车。承载超过 40 吨甜菜的挂车转弯而且超速的方案可能会导致材料的压力超过容许的压力以及估算的安全限度。

第四节　责 任 归 属

在采访谈话期间及在笔者陈述之后的讨论期间，解决了相关利益人的责任不明确的问题（参见第一章第二节和第三章第三节）。来自 TNO 的合同条款放弃了所有使用 TNO 为客户提供的研究结果的法律责任。只有发生欺诈或严重的失职情况时，TNO 才会负责解决由于使用他们的研究成果而导致的问题。因此，如果使用 TNO 的研究成果而使产品设计受到影响，个人很难向 TNO 申诉（TNO，2003）。根据这一点，客户成为设计过程中最主要的责任人。

在笔者与客户的采访交谈中，客户认为自己应该负责向工程师提供所有相关信息。这些信息可能是有关他需要的信息，也可能是有关在以前设计中遇到问题的信息。因此，工程师应当根据他的要求设计。客户认为制定和修改要求是自己的责任。有关超载的问题，客户认为在试验样品的同时他会特意将挂车超载，以试验偶然的和故意的超载是否会导致一些问题。他想到使用 39 吨的承载，并且正在考虑测试挂车承载的极限点。他还认为 32 吨承载对一些欧洲国家已经很高了。例如，在瑞士或德国运载 32 吨沙子会超过这些国家所允许的总重量。

基本上，工程师们认为客户应该决定他们要设计什么。如果客户只限定了一个有限的设计问题，那么工程师们也要限制在这个问题中。如果能将这个设计问题描述扩展，加入更多的方面，那么他们就能在设计过程中包括更多的内容。工程师们得出了设计问题的一些例子，他们考虑了更广泛的安全因素，而不仅仅是结构可靠性问题。例如，在设计复合材料游艇时，与其他船只相撞会导致泄露。通常情况下，撞击不会导致泄露，但是如果使用的护板较薄，这种泄露情况就会发生。就拿游艇案例来说，仅仅根据这个项目的预算是无法研究并解决此问题的。但是，他们确实告知了客户发生这个问题的可能性。在挂车案例中，客户只是想要一种不太贵的轻型挂车。既然客户强调结构，那么工程师也应该把设计重点放在结构上。如果客户想要的是一种安全行驶的挂车，那么客户会在他的要求中陈述出来。这样，这些要求里没有包括行车安全，只是有一小段陈述指出挂车应当符合法律要求。

在接受提问时，工程师们告诉笔者如果客户需要的话，他们会按照规定设计一个很高的挂车。工程师们说只要他们认为这个设计是安全的（这里的安全大多指的是结构可靠），他们就会按照客户的要求去设计。利兹告诉笔者，在另一个项目中他们要设计一种挂车，按照规定，挂车设计得过高，她对此有些担心，向来自荷兰运输事务组织的一位代表询问，设计挂车的高度高于规定允许的高度是否是一种普遍的现象。代表告诉她确实经常有这种情况。

> 利兹："我得到的答复是他们一直生产高出规定高度的挂车，而且很多人购买这种挂车……是的，我们生产的挂车有4.15米高，但是我不完全同意这一点。"

汉斯说他们通常是按照规定设计的。如果客户要求挂车较高，客户就要详细说明。汉斯认为只要客户认为设计是安全的而且结构可靠，客户要求他这么做，他就会按客户要求去设计，而不会按规定设计。他认为是否违反规定取决于要设计的产品。按照汉斯的说法，飞机设计就不会发生这种情况，因为飞机的设计要完全符合FAA标准，否则就不会被允许起飞。

为什么工程公司不对规定中的某些事宜负责，除非是客户要求他们去做？关于这件事工程师们给出一个理由，那就是他们不知道一个产品会有什么问题。一家工程公司为各种行业和产品做项目，他们不会也不可能对各种产品生产或使用期间遇到的问题有很深的了解。客户有经验而且应当知道什么会出问题。挂车出问题时，运输公司就会去找客户。客户知道他的客户们（运输公司和司机）是怎样使用或误用他的产品的。根据工程师的说法，他们应该经常询问客户是否了解生产或使用他们产品的一些问题。有时，CLC工程师们会对产品更了解，因为他们为类似产品做过设计。因此，工程师们提到早先设计项目中遇到的问题。但是客户负责设置要求并应说明使用和误用情况下可能会出现的问题。在这个案例研究中，客户已经阐明可能会发生超载的情况，但是他从没改变过要求。工程师们认为改变要求，把超载的要求包含进来是客户的责任。工程师们不知道超载是否会给客户带来麻烦。因此，尽管有时提到超载，要求也没有改变，因为工程师期望如果可能的话客户能改变要求。客户没有改变要求，将超载包括进来，是因为他更倾向于测试样品达到强度极限。

工程师们只能将有关行车安全的法定要求应用到设计的下一个阶段。客户认为挂车的侧面应该包起来，而且要安装防追尾钻底护栏。他给的理由是这样看起来更安全，而且行车安全是一种很好的营销手段。由于客户认为侧面的包装是挂车外观的一部分，而不是结构的一部分，他没有将这一点加入设计要求，这也不是客户要和工程师协商的内容。客户要求工程师设计出可靠的结构，而且他认为设计出可靠的结构后，挂车的外观是他要处理的另一个问题①。

工程师们认为他们不应为行车安全负责，他们只负责设计一种灵活的、可正常使用的、结构可靠的拖车。他们认为客户应负责提供从实践得来的相关经验。按照工程师的说法，政府负责行车安全，并应当提供与行车安全相关的规则；卡车加挂车的司机负责认真驾车。尽管客户认为行车安全很重要，但是他没有要求工程师考虑行车安全问题，这是因为他把行车安全看做是一个与挂车结构不相关的问题。因此，客户也没有要求工程师改变关于谁来负责行驶安全的看法。

笔者在工程公司报告后的讨论期间，关于客户负责指定要求并从而决定所要包含不包含的内容这个问题，工程师们的看法有细微的不同。

---

① 注意，轻型挂车的设计是按计划进行的。在一个结构可靠的挂车上添加包装物会增加材料和质量，从而增加负载。通常在轻型结构的设计中，工程师尽力避免在不承载或已有足够材料来承载的部位使用多余的材料。

一位工程师说当某个产品危险时，TNO，当然还有 CLC 有义务告知政府和公众。如果 TNO 工程师预料到某个产品的设计是危险的，那么在合同条款中就有一个条款是关于泄露秘密的。TNO 可以警告相关利益人或机构（TNO，2003），当然最好是在联系客户后。一位工程师讲述了这样一件事：一位来自 TNO 某个部门的工程师为了某种食物包装材料可能出现的问题而到欧盟机构去咨询。

尽管工程师们确信客户应该制定要求，但是他们觉得有义务帮助客户做这件事。利兹说她有一个挂车设计要求的列表。她按照这个列表来确定她和客户在制定要求时是否忘记某些重要的事情。CLC 销售员和利兹一致认为在以后的挂车项目中，他们会建议客户在要求中包括行车安全的要求。位于同一个城市的 TNO 的另一个部门，和 CLC 一样专门从事行车安全的研究。销售员说以后做挂车项目，他们可以为客户提供一位来自 TNO 行车安全部门的专家。客户决定是否要请这样一位专家，但是工程师经常建议应该有一位专家包含在项目人员中。

负责挂车项目的工程师们也一致认为行车安全问题尤其是克朗的 Safeliner，是向 Focwa（荷兰汽车和挂车车体生产机构）做介绍的一个很好的话题。他们认为邀请设计和研发过 Safeliner，的德国工程师来做介绍是一个不错的主意。有时像 Focwa 这样的机构参与由政府资助的项目并提供有关行车安全或可持续性的新理念（www.focwa.nl），这些项目可以成为新规则。工程师认为这些组织应当为挂车工程师和生产商提供相关信息。

一位 CLC 的工程师指出，与标准设计相比，他们在激进设计中要负更多的责任[①]。按照这位工程师的说法，在标准设计过程中产品出错的话，所有环节都会出错，人们已经制定许多规则来防止意外和损伤。在这种情况下，CLC 就应当遵守这些规则。这位工程师说 CLC 负责考虑没有规则的情况下会出什么问题，也许他们甚至应该与有关部门联系修改规则或制定新的产品设计规则。

---

① 在我的介绍中使用并解释了激进设计和标准设计中的一些条款，这位工程师马上开始使用这些条款。

第五节　案例总结和规范框架

笔者研究了使用新的卸载系统的复合材料挂车的初步设计阶段和可行性研究阶段。工程公司为客户完成了初步设计阶段。挂车要与传统的卡车连接使用，因此挂车是中等设计。挂车由复合材料制成，而且包含了新的卸载系统。这样标准配置就改变了，而且设计也到达了激进的程度。

一、伦理问题

该设计过程中出现的道德问题主要是与安全操作和责任分属有关。上文说过，可持续性并不是很重要。当然，可持续性问题是否重要是一个道德问题。工程师和客户只制定了一条与可持续性相关的要求。要求中包含了空气动力学的外形结构，但是要求不明确，也没有实施。柔性加载和卸载系统能让汽车在空载要求下行驶更少的公里数，这会让拖车的使用更具有可持续性。但是在这个设计过程中，柔性被认为是一种节约的优点。它是否真的更可持续还不明确。人们会认为如果使用了规范框架，有关可持续性的要求就不会这么不明确了。例如，在有关行车的规范框架中就详细说明了某种尾气的最大排放量。人们会认为这是关于卡车发动机的规范，但是与挂车设计毫不相干。这种看法忽视了空气动力学外形结构对燃料损耗和排放的影响。因此行车的规范框架会包括与可持续性相关的要求或运作，这可能也与设计过程有关。下文不再深入讨论规范框架是否应该包括可持续性标准的道德问题。

在安全操作这个问题上，工程师把结构可靠的挂车视为安全挂车。在 CLC，人们有很多有关结构可靠性的安全设计原则，这些主意与 CLC 内部工作人员的学历和设计经验分不开。可以得到这样的结论，有安全设计原则规范，而且工程师们在挂车设计中使用了这些规范。这些规范是 CLC 的内部规范，这些内部规范不受法律、职业法规、技术法规影响。工程师们认真思考了如何将这些规范应用到设计项目中。有关是否在计算中使用极限承载的讨论被看做是在这个具体情况下应用规范的讨论。这些讨论也是与道德相关联的，因为结构可靠性会为安全使用提出一个限制范围。如果挂车在使用期间由于金属疲劳而出故障或超载，会造成伤亡。扭力劲度对挂车翻车的可能性有很大的影响，挂车在高速路上翻车会导致交通堵塞和事故，因此对结构可靠性的选择与道德有关。

在投入生产结构可靠的挂车期间，要在两种不同的材料性能之间做出选择。比如，工程师可以使用由劳埃德登记处确认的材料性能或是由CLC在与CUR和土木工程部合作期间确定的性能，如容许张力之类的材料性能，给出材料张力的上限。在正常使用期间，该容许张力不应超过这个限度，因为如果超过限度会导致挂车故障。

除了要选择材料性能以外，还要选择承载方案。承载方案用于模拟挂车使用期间的承重。如果张力一直低于所有承载方案的容许张力，那么这个设计就合格了。如果超过了容许张力，那么就要选择其他纤维材料，或添加更多的材料。使用有限元模型，计算出的挂车材料张力低于承载方案，问题是承载方案在这种情况下是未知的。工程师们不知道挂车满载沙子转弯时或制动时的承载应该是多少。在使用有限元模型期间没有承载方案，因此使用的是建议的承载方案。因此，当一个承载方案的张力大大超出容许张力时，承载方案就被删减了，添加了更多的纤维材料。简而言之，挂车使用期间的承载有很多不确定因素。如果低估承载方案，挂车在使用期间的强度和劲度就不够，进而导致使用期间负载挂车故障。

工程师们认为他们用有限元计算结果来检验初步设计，但是因为没有承载方案，设计的检验结果也是有问题的。在没有适当的承载方案的前提下检验设计会引发道德问题。例如，工程师能把承载方案修改到什么程度？最终设计的挂车的劲度至少能和现有的铝制挂车一样。这个选择说明现有挂车的劲度已经足够大了，但是工程师对此还不太确定。问题是：如果没有承载方案，从有限元计算结果能得到什么结论？看起来工程师们在这一点上没有什么问题。当然他们更希望有承载方案，但是现在没有，于是他们用自己的现有知识和经验来猜测。

工程师和客户并没有将行车安全包括在设计要求当中。客户认为一旦设计出挂车的结构，就应添加行车安全衡量标准。客户认为挂车侧面的包装属于外形的一部分，而不属于车的结构。工程师决定如何组装结构部件以及结构部件的劲度和强力。如果张力和强力大的结构部件位置低，最好是与小汽车安全外壳有相同的高度，这样就能防止小汽车与卡车相撞时冲到卡车底下。这也与撞击协调性有关（参见第四章）。在荷兰，每年都有行人和骑自行车人因被碾到挂车车轮下而死亡，尤其是当挂车司机右转弯且没有看到旁边的骑自行车的人的情况下，事故更容易发生。如果挂车结构部件将挂车侧面包上，那么挂车结构的设计就能保护行人和骑自行车人。工程师认为政府应负责保证行车安全，忽视行车安全就与道德有关。从法律角度看，在初步设计阶段不考虑行车安全并不是什么问题，因为挂车最终会符合当前的法规。

工程师为自己、客户和卡车司机以及政府做了责任分属，责任的分属也与道德有关。工程师只想对客户吩咐的任务负责。客户负责制定任务和要求。政府应当制定有关客车、拖车和行驶安全的规定。司机应当安全驾驶。这种责任分属与第二章第二节第二点中 Florman 的设计相似。工程师忽视行驶安全的一个原因是他们认为自己的责任只是设计符合客户要求的产品。

二、有关伦理问题的决定

工程师之间进行了很多的讨论和交流。道德问题也是工程师从事挂车设计责任的一部分。客户也要做很多选择，因此也要面对道德问题。

有关道德问题的决定要符合国内 CLC 的规范及安全设计原则，如结构可靠的挂车的安全性。这些内部规范包括有关如何设计和估算结构性可靠结构的理念、规则、大纲和手册。内部规范和安全设计原则包括应使用的安全因数、限制承载和极限承载、材料性能，以及挂车设计过程中应考虑的环境因素。这些理念和规范都在该项目设计过程研究中被使用。这些内部规范和安全设计原则的理念都是工程师靠他们的设计经验和所学知识得来的。许多在 CLC 工作的工程师都有相同的教育背景，很多内部规范就是直接来源于这个背景。其他一些内部规范来源于复合材料设计的经验。工程师使用这些内部规范时没有仔细思考这些规范是否完整。

三、规范框架

该项目仅使用了规范框架的一小部分，还有一个用于卡车和挂车的内容更完整的规范框架。客车和挂车在允许上路之前要经过验证和检验。在荷兰，"Rijksdienstwegverkeer"是指荷兰负责验证卡车和拖车的交通机构。在其他欧洲指令中，有几条指令96/53/EC、97/27/EC和2002/7/EC，详细说明了质量、尺寸、回转圆以及机动性，这些指令都属于欧洲挂车运输的指令。在这个设计过程中考虑到了有关挂车最大尺寸和车轴承重的规则。根据工程师的说法，9吨承载的结果符合荷兰法规。设计要求中有一条就参考了欧盟法规；挂车的带气垫的弹簧应符合欧盟法规的规定。因此，有了用于卡车和挂车的完整的规范框架，工程师仅仅从中提取出几条关于最大尺寸、轴承重的规定，以及有关带气垫弹簧的欧盟规则。

尽管框架的内容更完整，但是看起来工程师们对规范框架的了解还比不上对这些规则的了解。这种情况可以和第六章工程师设计桥梁的情况相比。桥梁设计使用的一些规则来自工作条件规范，而没有使用完整的框架。再次重申，工程师是否应当考虑有关卡车和挂车的规范框架是一种道德问题。也许在这个复合材料挂车的（激进）设计中规范框架并不完全适用，因为完全无视规范框架的要求，已经使用的框架的操作化标准也被忽略操作化。工程师并没有尽力思考用于卡车和挂车的规范框架是否能为他们的设计提供额外的有用的信息。

第六节　致　谢

我对Ruflo和CLC公司的工程师的诚挚合作表示衷心的感谢。

实证研究结论

在本章，我用了四个与原理假说相关的案例研究得出结论，此前曾在第三章中简要描述过这四个案例。

这些原理假说是：

（1a）工程师面对的伦理问题的种类取决于设计类型和设计层次；

（1b）工程师处理这些伦理问题的方式取决于设计类型和设计层次；

（2a）在标准设计过程中，工程师通过规范框架解释在伦理方面做出的决定；

（2b）这个规范框架满足格伦沃尔德所有的要求，并且是一个标准框架。

我在第八章第一节中首次概述出案例结论，所以在第八章第二节讨论与原理假说（1a）相关的实证数据。关于实证数据仅仅一部分支持原理假说（1a）的问题，存在一些争论。与人们所期望的相比较，设计层次好像没有影响伦理问题的种类，这些问题仅仅取决于设计类型。在第八章第三节中将提到：实证数据仅仅支持原理假说（1b）的一部分。工程师处理伦理问题的方式取决于设计类型，并未发现设计层次的任何影响。在实证数据与原理假说（2a）相一致的这个观点上，同样存在争论。在标准设计中，工程师用规范框架处理伦理问题。在激进设计中，他们不使用规范框架。本书中所提及的规范框架不能满足格伦沃尔德的要求。所以原理假说（2b）不能由实证数据来确定。这点将在第八章第四节中加以讨论。目前，在设计过程中，我把设计问题阐述作为已知事实考虑。在第八章第五节中我讨论了这个假设，并且指出设计问题阐述不能被完全确定。工程师有办法影响设计问题的建立，这与伦理观点密切相关，因为问题定义决定设计类型。最后，我尝试从第八章第六节的案例中归纳出结论，这种归纳是基于实证和理论背景而完成的。

第一节　结论概要

我通过案例得出结论，如表8.1至表8.4所示：在表格第一列简单描述各项伦理问题。工程师会本能地提起在这里出现的伦理问题，就像荷兰EVO案例中的安全问题被本能地提出一样。其他伦理问题，如在拖车案例中的交通安全伦理问题没有被提到，但在我的陈述中，当向工程师提出这个问题的时候，他们意识到这些问题是伦理问题。

在表格的第二列，我把与伦理相关的问题进行了分类。在实证研究没有完成前，我没有对类别分类进行详细说明，但是在研究期间，类别的问题却出现了。其中三个类别在设计过程中会与伦理方面相关的行为有关，即遵照范德保罗（Van de Poel）设计需求的阐述，以及操作化和设计需求中的有关利弊权衡的评价（见第二章第一节）。大部分伦理问题都与要求的操作性和利弊权衡有关。除了这一点，涉及责任的区分或归属的问题也被确定。伦理问题可以分成五种，有两种可操作化。一些可操作化仅涉及若干选择中的一种选择。例如，是使用规范框架工作，还是在不同规范之间进行取舍。在其余的可操作化案例中，并未提供这些选择，并需要做出一个完整的可操作化。后者可操作化形式结构相对不合理。我所提到的需要在所给选项中做出选择的是操作化 1 结构不良的操作化成为"操作化"，操作化 2 存在一种伦理问题与利弊的权衡有关。另外，有一种伦理问题与责任的区分和归属相关；还有一种伦理问题与要求的制定有关。总结起来，这五种将归诸为：操作化 1、操作化 2、利弊权衡、责任的区分或归属，以及要求的制定。

在第三列中，笔者列举的是获得的论点和做出涉及伦理问题的决定的方法。在第四列，笔者列举了解决和决策伦理问题的方法所涉及的人群。

表 8.1　荷兰 EVO 案例研究的总结（激进、高水平的设计）

伦理问题、疑问和难题	问题种类	解决方式和决策方法	决策制定者
司机应该有危机感，因为设计团队的选择不能包括所有种类的安全系统	安全的操作化 2	基于个人经验拒绝现有规范框架，这成为一个内部设计团队规范	工程师
和重型汽车比较起来，轻型汽车在碰撞方面没有优势，但是轻型汽车更具可持续性	安全与可持续发展之间的权衡	有限的文献研究	工程师
轻型汽车不可能有所有被动和主动的安全系统	安全与可持续发展之间的权衡	个人的和设计经验	工程师
可持续的汽车是非常轻的汽车	可持续发展的操作化 2	讨论、开发内部设计团队规范	工程师
很难反复使用，但可持续的车是轻型汽车	可持续发展的操作化 2	回收专业博士学生的文献研究、讨论和见解，开发内部设计团队规范	工程师
荷兰 EVO 应该在情感上是可持续发展的	可持续发展的操作化 2，与可持续发展操作化的其他方面冲突	情感上的可持续发展是基于有关设计和个人经验的文献。"充满乐趣"成为内部设计团队规范	工程师

表 8.2　管道系统和设备案例研究的总结（从标准、中等到低水平的设计）

伦理问题、疑问和难题	问题种类	解决方式和决策方法	决策制定者
假设：根据法律和法规而设计可以保证安全和优良的装配	要求的操作化 1	经过验证机构的鉴定	规定规范框架的组织，如鉴定机构、欧盟、政府、标准化制定机构
优良安全的设计应采用哪种法规	要求的操作化 1	在允许的规范框架法规中选择	消费者或者消费者与工程公司
需要说明负荷和事故发生时的情况	安全的要求的操作化 2	经验、公司内部规则、顾客规则，从鉴定机构寻求建议	应力工程师、工程公司、消费者、鉴定机构
背离了允许范围内的法规	要求的操作化 1	使用规范框架方面的替换方案，并（或者）听取鉴定机构意见	现场工程师、应力工程师和材料工程师、消费者、鉴定机构
消费者与法规和标准之间的矛盾	做出权衡	与消费者商讨其需求并且（或者）询问鉴定机构他们接受何种协商	消费者、工程公司、鉴定机构
在图纸中能否有更多细节，而这些细节不会为建筑工地上的人带来太多困难	在工程公司与承包人之间责任的区分和归属；与合同的种类有关，不可能在交钥匙合同中	讨论消费者、工程公司和承包人应承担的责任	管道系统设计者、工程公司、承包人、消费者

表 8.3　桥梁案例总结（从标准、高端到中等水平的设计）

伦理问题、疑问和难题	问题种类	解决方式和决策方法	决策制定者
假设：根据法律和规范进行设计能确保桥梁设计的安全	要求的操作化 1	经过建筑许可，根据规范而进行的桥梁设计中没有灾难发生过	规定了规范框架的组织，如能颁发许可的组织、欧盟、政府、标准制定机构
在欧洲和荷兰国家法规之间的选择	要求的操作化 1	在欧洲规范中，疲劳负荷可以更好地被预测；使用欧洲规范桥梁造价不会过高，但如果经验较少，计算则会花费更多时间	消费者将在 IBA 建议的基础上做出选择
对关于桥的具体部分的多种法规加以选择	结构要求的操作化 1	是否有规范框架的描述提及工程学会和颁布建筑许可的政府组织提供这种选择。IBA 的经验和内部建议	具体的工程师将做出选择。工程监理在颁发建设许可之前将复查这个选择

伦理问题、疑问和难题	问题种类	解决方式和决策方法	决策制定者
健康和安全计划看起来应该是什么样的；工程师应该修改设计以降低建筑风险吗	适应健康和安全计划要求的操作化2	IBA工程师不讨论此类问题或做一个明确的选择；他们通过列出健康和安全计划中的风险而遵从法律上的需求	健康和安全设计协调员、工程师
应该阻止滥用什么；怎么阻止	安全操作化2	其他桥梁相关经验，以及从该项目和其他项目中得到的意见	所有工程师，尤其设计钢拱门的工程师、土木工程部民用工程部

表8.4　挂车案例研究总结（激进和中等水平设计）

伦理问题、疑问和难题	问题种类	解决方式和决策方法	决策制定者
设计过程中对交通安全的忽视	要求的阐述	内部设计团队标准和消费者标准不包括安全问题	工程师和消费者
一台安全的挂车在结构上是可信赖的	安全的操作化2	内部设计团队标准和消费者标准	工程师和消费者
应该运用何种负荷指标和材料特性	结构可靠性操作化2，以及更进一步的安全操作化2	内部设计团队标准	工程师
在有限元计算中同时改变负荷指标和设计	结构可靠性操作化2，以及更进一步的安全操作化2	内部设计团队标准	工程师
消费者和政府责任的归属	责任的区分或归属	包括合同中责任评估在内的内部设计团队标准	工程师和消费者

第二节　伦理问题、设计类型与层次

关于是否伦理问题种类取决于设计类型和层次的原理假说（1a）将在这部分得到评定。表8.1至表8.4的四个案例中的伦理问题得到了总结，基于这些表格，我们可以总结出在标准设计和激进设计中，大部分伦理问题是操作化1和操作化2两种。在标准设计过程中，遭遇伦理问题操作化 1 的频率比操作化 2 高。从表 8.2 和表 8.3 中可以看出，在常规设计管道系统与设备和桥梁的案例中，大多数伦理问题都属于操作化 1。属于操作化 1 的伦理问题并未在有关轻型汽车和轻型开放式拖车的激进设计中出现。所以，即使在所有设计过程中都会发现与需求操作化有关的伦理问题，但在标准和激进设计过程中，涉及操作化问题的种类不同的。

在这些案例中，我们无法发现伦理问题和设计层次之间明显的关系。与责任区分相关的问题似乎在伙伴之间也就是消费者、工程和建筑公司附近的边界发生过。与设计层次比较起来，这与设计过程的设计阶段关系更密切。如果为消费者做一个设计，在设计过程的初期，责任必须在消费者和设计团队之间区分。设计过程的初期阶段是设计问题与要求的阐述。例如，在拖车案例中，设计团队的工程师把某些责任归咎于消费者。根据工程师的想法，消费者要为相关的要求负责并且接受责任。在设计过程、具体细节或者详述阶段的最后阶段需要洞悉与责任区分有关的问题，尤其在另外一个公司不得不按照这个设计开始建造工作的时候。工程师们提到，在管道和设备案例中，有时会有一些设计细节方面的责任区分问题。有些细节不够明确，或者虽然明确却以一种不能被理解的方式阐述。关于责任区分的问题是不明显的，但是在桥梁的案例中工程师们期望在准备详述和建筑过程中，能够提出一些有关责任区分的问题。

总体的结论是实证有力地支持了部分原理假说（1a）。伦理问题的种类在设计过程中的出现的确与设计类型相关，没有发现伦理问题的种类与设计层次之间的联系。

第三节　解决伦理问题、设计类型和设计层次的途径

在案例中的设计类型，用来决定伦理问题的解决和决策办法之间，存在一种明显的联系。在标准设计中，大部分情况下都会使用规范框架来实现操作化和权衡利弊。规范框架被用来构建要求操作化。这样一个框架提供一些操作化，放弃最小要求。其他操作化没有完全被规范框架

制定，但是这些操作化被限定在给定的选项中做出某一个选择。规范框架同样用来提供向鉴定机构寻求建议的战略。从表 8.1 到表 8.4 可以看出，参考规范框架，或从鉴定机构寻求建议，在标准设计中用来处理伦理问题的途径存在于超过半数的问题中。如此得知，在标准设计中只有极少数的操作化是在最初便制定好的。规范框架的实用性并不意味使用这个框架能决定所有的伦理问题，某些主题没有被规范框架涵盖。例如，在桥梁案例中，预防桥梁滥用不是规范框架的一部分，而在管道系统和设备案例中，规范框架没有规定如何确定负荷和事故的发生情况。鉴定机构可以在负荷和事故发生情况方面提供建议，但是不允许对事故发生情况进行检验。当一个规范框架对某个主题没有给出引导和规则时，工程师们就会退一步选择遵守公司的规则，遵循自己的设计经验或者从已经对该主题有较为丰富经验的组织那里寻求建议。所以在介绍的案例中，规范框架因工程师遵从公司规则、利用设计经验和寻求专家建议得到了补充。

在规范框架被拒绝使用的激进设计案例中，只有极少数的工作是参考规范框架完成的。在这些案例中，处理伦理问题的方法是依靠个人或者设计经验解决，或者与消费者共同研究这些问题。

适用汽车安全的规范框架在荷兰 EVO 轻型汽车案例中被否决，在拖车案例中涉及卡车和拖车的规范框架仅仅被用于获得最大的尺寸、体积和带气垫的板簧。伦理问题的操作化是基于设计拖车的公司存在的内部标准完成的。这些内部标准同时还帮助设计团队决定怎样的利弊权衡是可以接受的。内部标准包含理念、规定和关于什么是一个好设计和怎样做一个设计的指导原则。这些内部标准由设计团队分享，但也可由设计团队所在的组织分享。在激进设计案例中，内部规范基于设计经验、教育背景和个人经验而被开发。除了这些内部规范之外，消费者标准也可用于操作化和利弊的权衡。

在拖车案例中，很多讨论是专门关于应该使用怎样的负荷指标来测试拖车的可靠性。这些负荷指标是拖车可靠性操作的一部分，并且类似于在第七章中提出的：安全等同于可靠性。工程公司中工程师所在的工作部门专门研究轻型合成设计，优良设计具体实践方面的内部标准和理念存在于部门之内。他们的产生是基于这个部门的关于合成物的设计经验和多数工程师毕业于航天工程专业的事实的。工程师之前便有设计合成物的经验，因此，在要求的阐述和操作化期间，他们把自己的经验与这个部门的优良设计实践方面的内部标准和理念相结合。消费者拥有拖车产品和很多在实践中使用拖车的经验。在要求的操作化和阐述期间，消费者的经验也被采用了。

在荷兰 EVO 轻型汽车案例中，当开始设计时，很少有设计实践方面的内部标准和理念，有关优良设计实践的内部标准和理念随着设计的发展而发展。在设计过程的初始，决定设计轻型的可持续性汽车。过了一段时间后，在做出选择时，汽车的体积应该成为一个决定性因素，它变成了内部标准，这个标准在设计过程中调整变化。值得注意的是，工程师们是第一次合作，并且设计团队成员的设计经验有限。设计团队为之工作的组织——荷兰代尔夫特理工大学包含一定数量不同的员工和部门。在大学里不仅是针对这种级别的设计，其中鲜有任何可供分享的内部标准存在，因此设计团队不能参考这样的标准。总结起来，在荷兰 EVO 轻型汽车案例中，优的设计实践的标准是随着设计同步发展的。

第一个结论：四个案例仅部分支持原理假说（1b）。工程师处理伦理问题的方式并非取决于设计类型，在已经看到的解决和决策战略方面，也没有受到设计类型的任何影响。第二个结论：实证的证据充分证明了原理假说（2a）。在标准设计案例中，工程师利用规范框架去解决大部分伦理问题。然而，规范框架没能提供解决每一个伦理问题的方法。在标准设计过程中，是在设计经验和工作规定的基础上做出某些决定的。在激进设计案例中，决定是在内部设计团队相关标准的基础上完成的，也可以是以消费者标准为基础完成的。

在这里，我想要关注一下参与解决办法和决策方法的人，因为这些人能够影响决策的制定。首先有一个问题是哪些工程师来解决伦理问题，他们解决这些问题是依靠群体力量还是自己独立完成？其次，可能会有消费者参与制定伦理方面问题的决策。最后，一些组织（如鉴定机构）

可能也被邀请加入，以给出建议。对案例研究，在设计过程的组织中，激进和标准设计过程可能存在不同点。在标准设计中，劳动分工明确，每个工程师（或小组）分别负责设计一部分，大多数在设计中出现的伦理问题最初都是由相关负责人来解决。个别工程师经验丰富，并且他们可以依靠公司内部规定来应对一些情况。如果问题难以解决或者影响其他部分设计，他们会与作业工程师或设计其他部分的工程师一起探讨。在 IBA 内部，工程师会请在其他工程设计项目中扮演相同角色的工程师来检查自己的设计。而在管道系统和装备案例中，这是不可能的，因为消费者不希望工程师为他们的竞争者的项目工作。咨询消费者或鉴定组织的决定总是由作业工程师或项目经理商讨，因此在标准设计中的决策制定工作可以被分为独自进行和按级别进行。这并不意味着在标准设计过程中工程师之间没有交流，但是工作的划分非常清晰，并且在设计过程中每个人都有固定的任务。与在标准设计中面对伦理问题的工程师相对比，在激进设计过程中的工程师则能共同商讨和决定伦理问题。不同的设计团队成员在两个激进的设计过程中有着不同的研究任务，但是成员之间还有很多交流。伦理问题与更多的设计部分相关，所以伦理问题需要靠整体设计团队来决定。在荷兰 EVO 轻型汽车案例中，硕士和学士学位学生必须设计汽车的一小部分，如传动系统或者悬架。这些学生在工作中做出初步选择。他们的初步选择和讨论需要汇报给整个设计团队。汇报完之后通常会进行讨论，然后做出最后的决定。对轻型汽车设计而言，尽管最初是由 1~2 名学生做出决定，但是整个团队参与讨论这些决定，并做出进一步的判断。

是否为了消费者而进行设计，这个问题对那些决定伦理问题的人而言很重要。无论是在激进设计还是标准设计过程中，消费者的角色几乎不存在什么不同。如果设计是为消费者量身定做的，那么，消费者扮演了一个重要的角色。在三个案例研究中，消费者在雇佣工程公司做设计之前，会有包括要求在内的设计问题的阐述。除非与消费者合作，否则这个设计问题的阐述不能被改变。在案例研究中，消费者做出一些决定，尤其是在标准设计中与所用规范相关的决定。在桥梁案例中，设计团队建议消费者在 NEN 与欧洲规范中做出选择。在管道系统和设备案例中，如果在欧洲安装设备的话，消费者就可以在一些欧洲法规中进行选择。在拖车案例中，与消费者合作中完成了要求的阐述和这些要求的可操作化。接下来需要更多专家知识的操作化问题的解决则由工程师完成。

在标准设计过程中，那些颁布许可或鉴定设计的机构可能会被牵涉进来，或许能从这些组织中寻求到一些建议。因此在标准设计案例中，决策制定者和解决问题者包括工程师、消费者和鉴定组织。鉴定组织没有参与激进设计过程。应该意识到，如果要完成并出售一个激进设计，它首先必须得到一个 CE 标记。所以，在激进设计过程中，鉴定机构可能在设计过程的最后阶段扮演着重要的角色。本项研究中的激进设计不是在最后阶段，荷兰 EVO 项目中的轻型汽车不是作为制造产品模型汽车而进行的设计，拖车原本应该能够被制造出来并且出售的，但是在可行性和初始设计阶段后，设计过程被消费者终止了。

在标准设计案例中的设计过程被用这样的办法组织进行，个别工程师因为其在设计过程中充当的角色而面临着一些伦理问题。在标准设计案例中，伦理问题可以由担任部分产品设计的一名工程师来决定。在激进设计中，伦理方面的决策则要依靠群体力量完成。设计团队要讨论伦理问题，也许某个工程师可能已经准备好了有关伦理问题的讨论，但最后还是由整个团队做出最终的决定。在某些为消费者特制的设计案例中，消费者参与制定一些伦理问题，而在标准设计案例中可能还需要向鉴定组织征求建议。

第四节　规 范 框 架

我在这部分提出原理假说（2b）。格伦沃尔德已经提出了在工程师被证明在框架内工作，没有进行更进一步的伦理反思之前，规范框架必须达到的一些要求。这样一种标准化的框架会被看做为工程师提供了一个使其能够工作其中的限制。标准化的框架在政治和社会上得到认可，并且根据格伦沃尔德的要求，该框架应该务实完整、局部一致、明确、认可、遵守。在实证章节最后的部分，我已经确立了是否可以把规范框架当做标准框架的理论。在这项科研的案例研究中，我总结出了格伦沃尔德的条件仅仅被满足了一部分。基于格伦沃尔德的要求，一系列与规范框架问题相关的伦理问题在表 8.5 中展现出来。

表 8.5　伦理问题和规范框架问题

产品	伦理问题与困难	问题种类	规范框架问题的关系
管道设计和设备	假设：依据法规和规范进行设计能保证安全和良好的安装工作	要求的操作化 1	可利用的规范框架，但是不被一些组织所接受，如装配的邻居和周围的团体
	在这个设计过程中，利用哪个法规可以做出良好和安全的设计	要求的操作化 1	独断完成的规范框架
	需要说明怎样的负荷情况和事故情况	安全的操作化 2	独断完成的规范框架
	允许背离法规吗	要求的操作化 1	规范框架允许背离，不明确的规范框架
	在消费者要求和法规与标准之间的矛盾	做权衡	在规范框架中的一些矛盾或介于规范框架和消费者要求间的矛盾
桥梁	假设：依据立法和法规设计安全的桥梁	要求的操作化 1	规范框架可用，且没有任何不被接受的迹象，一些不明确的地方，不能够独自完成
	介于欧洲和 NEN 法规间的选择	要求的操作化 1	在规范框架中的临时的不确定因素
	针对桥梁某些具体的部分的各种法规的选择	结构要求的操作化 1	在规范框架中的矛盾
	健康和安全计划看起来应该像什么，在设计过程中工程师应该改变设计预防风险吗	要求的操作化 2 为了做出健康和安全的计划	在建设过程期间，是否在全部健康和安全规范框架下工作
	什么应该预防被滥用，怎么预防	安全的操作化 2	规范框架不包括关于桥梁滥用预防的规定，因此不完善

案例研究中的规范框架没有满足格伦沃尔德的要求，但是它们提供了处理问题不确定性、矛盾和不完善的方法。因此，包含了几个新的要素可能会使规范框架务实、局部一致和明确。

在规范框架下，一些不确定性和矛盾能够得到解决。规范框架是分等级的，不是所有元素都能承担相同的分量。法律比法规和标准级别更高。通过利用更高级别标准的要素解决冲突，有时框架提供了解决各种要素之间的冲突的办法。在例外的案例中，给工程师充分的自由不用遵循详细指定的规则，以这样的方式阐明规范框架。在现存的规范框架中，这种可能性是可用的，因为，法律没有强制执行像法规这些详细指定的要素。当设计的时候，工程师、消费者和鉴定组织可以一起决定不使用法规，他们可以改为选择使用一种折中的办法设计产品。例如，一些规范框架明确说明了一些应该检查和鉴定设计的组织。在这些框架中，产品只有通过了鉴定才在法律上被许可出售和使用。当工程师面对框架元素之间的矛盾和冲突以及盲点时，这些鉴定机构能够为工程师提供帮助。例如，鉴定机构能够指出何种冲突元素能够被忽略，或者如何权衡取舍。这允许了框架中的不明确和矛盾的地方被处理为正常的范围。

　　从工程学会里，能够帮助减少规范框架的不明确和不完整的办法之一就是：提供更为详尽的规范、标准和立法。好的设计实践的见解是从工程实践中发展而来的，是在教育过程中被传授的。随着时间的流逝，这些见解可以用来帮助减少规范框架中的不明确性和不完整性。

　　以上的讨论说明比较容易实现规范框架的局部一致，并被独立完成，且内容明确。工程师、工程学会和标准机构能够完成部分工作。然而，从道德的角度出发，格伦沃尔德的要求被认同看起来最为重要，因为认同会使框架合法化。对框架的认同与信任相关（参见第二章第三节第三点），工程师不能强迫公众接受规范框架。因此关于规范框架最重要的问题就是是否明确地知道它们能够被接受。在第九章，我会再次讨论规范框架的接受问题。

第五节　设计问题公式化的表述

　　至此，我已经将设计问题公式化的定义认为是设计过程的预备工作，而非设计过程工作的一部分。从这点出发，我将给出设计问题定义方面相关伦理问题的一些意见①。

我首先将讨论为什么设计问题与伦理相关。在设计问题中，必须要在标准设计和激进设计，以及高水平设计和低水平设计之间做出选择②。设计问题中的要求可能与工作原理和标准配置有关，也就意味这是一个没有明确要求的标准设计。关于激进设计和标准设计的选择是与伦理有关的。设计种类影响着需要被解答的伦理问题的种类，影响着这些问题在设计过程中被解答的方法。对一个标准设计，规范框架是可用的，因此将有更多的操作化 1 的问题，而更多的操作化 2 的问题则不得不在激进设计中得以解决。选择激进设计会有伦理方面的原因。在荷兰 EVO 轻型车案例中，想要生产更耐用的汽车的愿望使得设计过程演变成了一个激进设计。与标准设计相比，激进设计的不利方面是，激进设计通常意味着其中充满了大量的不确定因素和未知因素。激进设计可能比标准设计更倾向于风险和无意识的影响（Van de Poel and Van Gorp，2006）。这种不确定可能是选择标准设计的非常好的理由。工程师必须面对的伦理问题的影响，在激进设计过程中达到伦理相关要求的可能性，以及在激进设计中附加的不确定因素使得在激进设计和标准设计中做出抉择成为一个与伦理相关的问题。因此，工程师应该就设计问题公式化多加反省。

如果一个设计团队希望明确地阐述设计问题，那么这个设计团队就应该重视所有的适合或反对标准设计和激进设计的道德方面的原因。设计团队应该明确是否具有参与竞争产品的规范框架的标志，如在媒体方面。如果这种标志是明显的，那么这就为反对使用规范框架和做一个更为激进的设计提供了一个道德方面的理由。就激进设计的实际影响而言，激进设计将导致更多的不确定性和不可知性，这是事实。然而要对这一

----

① 这里我不会谈到从道德观点出发，是否工程师应该拒绝设计常规产品。关于产品的道德层面的问题虽然有趣却超出本书的范畴。这些问题应该由其他的政府组织、非政府组织和公众中的股东们讨论，而非工程师。

② 当然在设计的过程中设计种类可以被改变。因为其中包括大量的正常部分或者因为最初的激进设计过程变得异常困难，一个激进设计的过程可能会变得更加正常。一个标准设计过程也可能因设计过程中的某种变动，如在设计过程中选择了原来计划中没有的另外一种材料而变得更加激进。

事实持反对意见，上述讲解应该被权衡考虑。

工程师们有时候认为如果顾客给出了设计问题的定义，对设计问题公式化，他们就没有或只有很小的影响。根据这种观点，工程师们是被雇用来解决常规设计问题，而非再用形式表现设计问题。所以即使有非常明确的道德原因要做一个激进设计而不是一个标准设计，工程师们也不能改变设计问题。这就说明工程师忽视了一个事实，那就是顾客选择工程公司，是看重它的知识和经验。顾客通常选用工程师作设计，因为他们自己一般没有设计的知识和经验。因此，如果顾客拒绝接受工程师提出的任何建议，将是非常奇怪的事情。因此尽管工程师为解决顾客提出的设计问题而给出设计方案，但这并不意味着将标准设计改为激进设计是不可能的，反之亦然。工程师可以与他们的顾客在设计过程的最初或在工程公司和顾客进行合同协商，在设计过程开始之前讨论设计问题。

作为结论，设计问题公式化是与伦理相关的，因为设计种类的选择是决定性的。在常规案例中，激进设计如果遵循了一些伦理问题，如安全和可持续性，能够产生比标准设计更好的设计效果。然后，激进设计同样能够导致更多的不确定性。工程师们应该反思设计问题的定义，即使是在那些由顾客提供设计的案例中。

第六节　结　论　概　括

在标准的和激进的设计中，我将分析规范框架的实用性和适用性，从而通过案例研究得出结论。在这种分析的过程中，我将从概念和经验两方面进行考虑。

我将使用激进设计的定义（见第二章第三节第一点）指出为什么目前存在的规范框架不能或只能部分地在激进设计中被使用，我将就规范框架不能应用的部分中的三种方式予以区分。

（1）在一些激进设计中，工作原理并未改变，然而，标准配置却被改变了，如使用了另一种材料。用一种不同的材料进行设计就会改变标准配置，因为新材料的材料特性是不一样的。比如说，新材料可能更坚硬，却在疲劳负荷情况下表现欠佳。在类似的案例中，在规范框架的某些元素中使用的理念可能失去了它们的意义。例如，在一种设计中，如果通常使用同类的金属材料却使用了合成材料，那么框架中规定的材料特性就不能被确定。对合成材料来说，其不同的合成部分的应力也不尽相同。在规范框架中"材料应力"的概念就失去了原本的意义，因为合成的不同的部分受不同应力影响，"材料应力"的说法因此变得毫无意义。可以推论，对用合成材料制造的产品而言，所有的规范框架中提到的关于应力的指南和计算法则都不适用。

（2）对一个新的激进设计或是在一个工作原理和标准配置已经被改变的设计中，已经存在的规范框架的元素可能会导致一些偏差的发生。规范框架的一个目标是生产出一种安全的产品，但是框架中那些用以引导实现安全设计目标的元素会和激进的设计项目的目标相冲突。例如，设计一种自动引导汽车的时候，如果使用运输方面存在的规范框架，就会导致出现偏差。在现存的适用于运输的规范框架中，汽车都是配有驾驶员的，但是设计自动引导汽车的目标就是设计一种没有驾驶员仍能够安全移动的汽车①。当然交通规范框架的目标之一是实现安全的汽车和安全的运输流量，而这种比较高级的目标仍然与自动引导汽车的设计相关。因此规范框架背后的基本原理仍然很重要，但是框架中包含的大部分立法和规章将不适用于自动引导汽车的案例。

（3）激进设计在功能等级上也可以是激进的。在改变一种产品中的好产品的通常想法或是引进一种新的产品类型的设计过程之初，可以做出明确的选择，这意味着为一种产品设定不同的标准或改变相关标准的重要性。情况可能是规范框架或者适合这样一种产品的部分框架被明确地拒绝，或者没有这种新产品相应的规范框架。如果决定制作一个功能性的激进设计，从项目一开始，关于标准配置或工作原理中将被使用或

---

① 因为荷兰法律要求在公共场所运行的车辆要有驾驶员，尤其是需要社会安排自动导航汽车进行测试。

不被使用的部分的问题并不明确，那么可能无法对这个设计提供标准配置和工作原理。

通过之前所述，我们可以得出结论：在激进设计中规范框架是可用的，但是有时会被拒绝或不完全适用。只有在激进设计的初审中，工程师能够仍旧使用部分目前的规范框架。这意味着通常情况下在决定伦理问题的时候，在激进设计中不能使用或者只能部分使用规范框架。结果有两个：第一，工程师作激进设计时必须面对的伦理问题，操作化 2 要比操作化 1 多。关于操作化的问题，目前的规范框架仅给出很少的选项，甚至没有选择的余地。在激进设计工作中如果进行权衡，常常不可能参考规范框架中的最低要求。第二，因为在作激进设计时工程师不能参考规范框架，他们通常更多地会参考国内的设计团队规范。如果之前没有规范，那么在设计过程中将开发出相应规范。设计团队成员将运用他们所学到的知识、设计经验和个人经验来开发内部的设计团队规范。

现在我将根据我的经验给出一些数据，用以说明为什么大部分产品和生产过程都期望存在规范框架，并因此使得规范框架对大部分标准设计过程都是可用的。在第二章第三节第一点给出的标准设计的定义中，并没有关于规范框架是设计一个标准设计的必要条件。没有规范框架的标准设计是可以想象的。在历史的长河中也可以找出诸多没有规范框架的标准设计的例子。例如，蒸汽机的压力容器，在规范框架被制定出来之前建立了一个标准配置和工作原理[1]。

然而，在实践中，我们可以期望对大多数标准设计来说有一个规范框架存在。在欧盟，标准化的主要目的之一就是在欧盟范围内确保一个自由的市场和消除贸易中的技术壁垒（欧盟委员会，1999）。除了支持一个自由的市场目标以外，标准化提升产品、系统和服务的安全性和允许互用性，促进通常的技术理解（www.cenorm.be）。1985 年指定的"新办法"实现了欧盟范围内的贸易自由。在此之前，特殊的商品必须经过

---

[1]　1823 年法国发布第一版的《锅炉法规》。锅炉的规范框架后来在其他国家被开发，如 1838 年的美国（Burke，1996）。

批准。因为针对每一种产品不同国家要获得大部分人的同意，这是非常耗费时间的。这种新办法为诸如机器、压力容器和玩具等产品类型①，制定了总体的导向要求和目标导向要求。如果产品或产品种类符合欧盟指令中所写的总体要求，那么它们便获得了 CE 标志，获得 CE 标志的产品准许进入欧盟市场。新办法结合了自由的欧盟市场的目标，这意味着最终所有的产品将被欧盟指令所包括。

在大范围的产品中，的确有不同的欧盟指令存在：

（1）机器 98/37/EC，包括所有具有运动机件的机器，除了被单独指令包括的机器。

（2）低压设备指令 73/23/EC，包括所有直流电压 50～1000 伏的设备和交流电压 1500 伏的设备，不包括那些被其他指令包含的设备。

（3）起重机 95/416/EC。

（4）活动可植入医疗器件 90/385/EC。

（5）玩具 88/378/ EC。

欧盟指令必须在国家法律中贯彻，因此所有的欧盟国家都有各自的法律执行上述指令，所有的这些指令都以欧盟协调规范为参考。当这些规范或协调规范不可获得时，国家规范在设计过程中被遵循，便遵从了指令。欧洲标准化委员会（CEN）负责制定协调规范。CEN 中的委员制定的协调规范门类众多，从化学到食品、消费产品、建设、交通和包装（www. cenorm. be/cenorm/index. htm），这些仅是欧盟规范。对欧盟规范尚未实施的项目，每个欧盟成员国同样也都有自己的国家规范。所以，对很多产品来说，期望欧盟指令、国家立法和规范的存在是很合理的。这意味着从经验的层面上我们可以得出结论，一般来说在标准设计中，某种形式的规范框架是可用的。

规范框架的可用性不一定意味着所有它要求的元素都被应用在设计过程中，并没有法律要求工程师必须在设计的时候遵从规范。在产品能

---

① 1985 年在新办法被创立之前，新办法的原则在一些具有先进 EC 法规的领域未被遵守，这些领域包括制药产品、化学产品和机动车（欧盟委员会，1999）。

够获得 CE 标志以前，要对设计进行鉴定和检查。根据规范进行设计是遵循欧盟指令和获得 CE 标志的办法之一。工程公司可以自由使用其他设计途径，但是必须提供由相关的鉴定机构开具的符合欧盟指令的证明。这远比遵照规范设计更难，更不容易做到。除了这个困难以外，工程师遵照规范设计的原因还在于他们认为使用规范是使得设计精良并安全的办法之一。根据规范设计已经取得了一些经验，一些规范在未来的几十年中将被不断采用和改良。所以，工程师们不轻易偏离规范抉择。

从以上讨论的理论和经验方面考虑，我们可以大致得出结论，工程师根据设计的种类处理伦理相关问题。在标准设计中，规范框架通常可用来提供需要的操作化并对法律允许的权衡取舍起指导作用。这个规范框架将被用来决定伦理问题。在激进设计中，当决定伦理问题的时候，不使用或只是部分使用规范框架。

原理假说（2b）指出规范框架满足所有格伦沃尔德的要求，因此是一个标准框架。规范框架不会或者仅仅部分会被用于决定伦理。在这项研究中，至少三个经常被使用的规范框架，如桥梁建造、管道铺设和设备建造、汽车设计等都不能满足格伦沃尔德的要求。总的来说，在规范框架中会有如下问题：

（1）关于接纳性的问题，也就是说非常不容易确保所有的产生作用的参与者都接受规范框架。

（2）新的欧盟指令是基于产品集团的目标导向方式制定的。在为产品类型定义规则而不是为某种专门产品定义时，有一点模糊和不明确是非常必要的。这种模糊和不明确可以用来帮助指令适用于更大范围的产品，因此非常可能的事情就是在以欧盟指令为基础的规范框架中，常常会有一些不明确的地方。

（3）规范框架经常要使设计工程师做出决定，因此不能够被独断地完成。指定一个设计中的每个小细节是不可能的，即使这种想法是基于欧盟指令产生的。

从这些方面，我们大致可以看出，尽管规范框架对标准设计是可用的，但是却可能无法满足格伦沃尔德的要求。

第九章

值得信赖的工程师

　　在前几章，我已经就工程设计实践做了描述。我描述了工程师如何处理设计过程中遇到的伦理问题，以及如何将伦理问题与威森蒂区分激进设计和标准设计联系起来。在这一章，我将就工程师要具备道德责任问题作试探性分析。此分析的依据是第四章到第八章中的公众与工程师之间的信任关系及工程实践的描述。在第二章第三节第三点，我已详细陈述了几种假设，假设对工程师设计的信任是有担保的：①工程师动机是善意的；②工程师有能力并且能够按照相关规范框架工作；③规范框架充分、适当。例如，框架符合格伦沃尔德的要求。要注意这些条件是有担保的信任工程师的条件。有个问题有待解决，那就是即使这些条件都符合，公众是否能真正信任工程师。根据拜尔的说法，一方不能强制另一方相信某人（Baier，1996）。因此，即便上述所有的条件都符合，公众在信任设计工程师的问题上仍然还会犹豫不决。然而，如果公众信任工程师来设计并且这些条件都符合，那么这种信任就被认为是有担保的。

接下来，我将假设在设计过程中工程师对社会和公众的行为是有信誉的。这个信誉包括如果有适当的、充分的规范框架，那么工程师要应用这个框架。关于要求工程师具备的能力和规范框架的充分性，我将对激进设计和标准设计加以区分。在第九章第一节我将分析标准设计中对工程师有担保的信任，在第九章第二节中分析激进设计中对工程师的有担保的信任。

第一节　标　准　设　计

标准设计中对工程师的信任可以是部分基于惯例（参见第二章第三节第三点）。这些情况的结果表明工程师在标准设计中确实应用规范框架，并且这些规范框架可被寄希望于适用大部分的产品，如果以下条件成立，可认为对工程师的信任是有担保的：①有能力实施规范框架；②规范框架充分。第九章第一节第一点将更进一步详细阐述工程师能力的条件；第九章第一节第二点将阐述符合格伦沃尔德要求的规范框架是否能为有理由的信任提供依据。

一、标准设计中对工程师能力的要求

在标准设计中，虽然一些社会技能有助于维护规范框架，但是工程师具备的能力应该主要是技术能力。

工程师应当：

（1）知道如何实施规范框架。

（2）知道规范框架的应用限制范围。

（3）帮助维护并修改规范框架。

接下来我将对这三项能力做进一步的解释。

工程师应知道如何实施规范框架中的规则和纲要。他们应该知道所要求的计算是如何得来的并知道概念的含义，这就要求工程师具备技术方面的知识和技能。在要求工程师按照规范框架工作的同时，并不是要求工程师在所有的情况下完全遵照规范框架。工程师应该知道在何种情况下可应用规范框架，何种情况下不能，也就是说他们应当知道规范框架的限制范围。如果规范框架可用并充分，那么工程师就不仅仅要会应用规范框架。在下一节，我将会阐述规范框架充分性的标准。在本节，我只阐述工程师在应用规范框架前，要明确在当即情况下是否可行。工程师需要知道激进设计和标准设计之间的区别，以辨别此规范框架是否可行。在标准设计中，规范框架通常是可行的，但对大部分的激进设计是不可行的（参见第八章第六节）。激进设计和标准设计之间的界限并不十分明确，设计或多或少可能是标准的或激进的。如果设计不是完全的标准设计或激进设计，工程师要做认真的调查，以确定标准中哪些内容是可行的，哪些是不可行的，然后才能实施规范框架。

在实施规范框架中的内容时，工程师有时会遇到一些困难。若工程师的信任是有担保的，那么工程师有义务帮助修改并维护这个框架。作为一个有能力的、对社会有信誉的工程师，他的义务包括警示信任你的人们当前的条例和规则会导致一些问题或不必要的负面影响。公众信任工程师，则希望工程师发挥他们的才能。假设你的车窗坏了，你将车送到修车厂，你会希望修理工告知车是否还有其他的问题，如轮胎磨损。很可能你不希望在没有经过你允许的情况下换轮胎，但是你会希望被提示问题的存在。如果你要求修理工对车做彻底的检查，那么你会希望他们检查每一处，并解决存在的问题，包括更换磨损的轮胎。类似的，工程师要求实施规范框架，并警示相关的组织机构。任何工程师和设计团队都有责任向实施框架中具体部分内容的人报告问题和困难，但是任何工程师和设计团队都没有责任，或不允许改变整个规范框架。例如，如果一位工程师遇到法规方面的问题，那么他（她）应当与执行法规的委员会联系，他（她）不能自主决定改动法规。法规的新修订版定期出版，这要求将熟悉旧版法规的工程师的评论合并到新版中去。这意味着仅知道如何实施框架是不够的，工程师还需要知道规范框架是如何制定的，以及哪个组织制定哪个部分。这样如果组织认为有必要的话，工程师能够将自己的经验汇报给相关组织来修改标准。

二、对格伦沃尔德要求的再思考

根据拜尔对信任的理解，我就工程师进行标准设计时的有担保信任的条件作一个假设。其中的一个有担保信任的条件是规范框架是充分的。这就意味着对一个充分的规范框架的要求要与对信任的理解联系起来。因此，一个充分的规范框架应当有助于保护相关行为人的评价标准。目前，我已经将格伦沃尔德的要求作为评判规范框架充分性的标准。然而，一些关于格伦沃尔德的要求问题可能会影响是否规范标准能被认为是有担保信任的依据。我将分析五个问题。其中三个是关于验收要求的问题，两个是关于规范框架的要求应当务实完整和明确。

第一个是有关验收的问题。关于行为人必须完成的验收问题，格伦沃尔德的观点并不明确。直到行为人认为框架是不可接受的为止，就能假定框架可以验收了吗？从明确框架内容的工程师和其他人的角度来看，这个问题太实际了。因为他们只需接受不认可标准的行为人的意见。如果没有这样的意见，工程师不能实施规范框架。媒体有这样一个例子，行为人表示反对管道和设备化学装置的规范框架。如果上述验收问题的假设不成立，那么人们在制定框架时应当经过相关行为人的验收，这就要求制定框架内容的程序有所改变。欧盟规范框架的部分内容由法律条文构成，这些法规是由欧盟委员会、欧洲议会或国家议会内部制定并投票确定的。各团体通过为自己的代表投票，会对规范框架中的法律产生直接影响。规范框架中的其他内容，如法规和标准的制定不会受到行为人的任何直接影响，而这些行为人很可能受到技术的影响。在一些国家，那里有专门的政府机构制定技术法规，在其他一些国家，法规则由产业组织制定。人们通常通过实践和学习能学到法规和优秀设计的理念，因此，这些理念更不易对与工程无关的人有影响。尽可能地以某种形式让所有相关行为人积极地接受整个规范框架，则需要一个不同的程序来制定规范框架的内容，而不是用当前的程序，或是在制定框架后再用明确的步骤来验收规范框架。

有关标准设计要求的第二个问题是，标准或激进设计不是固定不变的。一个标准要随着时间的推移不断修改，因此验收一次是不够的。如果要求所有的行为人积极地验收，那么就要有一种持续的、积极的验收过程，确保持续调整和修改规范框架的验收过程的一个方法是实行参与式程序来制定和修改标准。在这里我不探讨如何使用这样一种方法，或是探讨应用于技术发展的参与式程序的可能性问题，但是要求规范框架的积极验收，会应用某种参与程序。欧洲参与式程序的一些案例研究和这些方法带来的问题见 Klüver 等的研究（Klüver et al.，2000），关于技术民主化的更全面的探讨见的研究（Kleinman，2000）。

有关验收的第三个问题是对有担保信任，仅验收规范框架是不够的。对验收的要求似乎是暗示一个认可的标准框架在道德上是可接受的，这个暗示是不可靠的。因为它看起来依据的是自然主义谬论：实践被认可并不意味着就是可接受的（Moore，1903、1988）。那么问题就出现了——相关行为人的验收对有担保信任是否充分，或者规范框架是否也应该从道德上是可接受的。有些相关行为人认可的规范框架可能在道德上却是不可接受的。可以设想这样一种情形：穷人接受恶劣的工作条件，是因为在不卫生的条件下做危险工作是他们养家的唯一选择。有的人表面上接受或者口头上说接受规范框架，这对有担保的信任可能是不够的，因为在这种情况下不能保证能将个人的评价考虑在内。如果仅仅认可，那么对有担保的信任是不够的，可以建议采纳一些条件和程序。接下来的问题是：这些条件和程序的依据是什么？从某种形式上看，这些条件和程序看起来不仅与验收有关，而且还与道德的可接受性有关。

如上所述，对一个务实完整的、明确的标准设计而言，对其要求方面也有一些问题。

第一个问题是，一个标准设计"务实完整"和"明确"的标准是什么。如果有可能的话，制定规范框架中的每个小细节是不切实际的。规范框架越详细、越规范，它的覆盖面就越小，制定全面的、明确的、不需作进一步解释的规则是非常难的。与其他问题相比，哲学家更关注这个问题，他们认为对道德制定全面的规则是不可能的，也是不合乎要求的。根据这些哲学家的说法和背景以及形势，这些明确的特点应对道德审视起一定的作用（Dancy，2004）。这样，制定一个务实完整、明确的激进设计是不实际的，甚至很可能是不现实的或不合乎要求的。

第二个问题是，需要在完整明确的标准和给予工程师自主决定权之间寻求平衡。过于详细的规范框架也许会导致工程师被这种标准所约束，而无法依靠他们在工程中的判断能力和经验（Pater and Van Gils，2003）。根据哲学家的观点，一个有道德的行为人应该有一定的自治权和自由。工程师在自治方面应该表现得很道德、很专业，而且要值得信任（Ladd，1991）。另外，尽力制定规范框架中的每个细节与信任的理念是不一致的。根据拜尔的观点，为顾及信任人的评价标准，被信任人有自主决定如何去做的权限（第二章第三节第三点）。如果是标准设计，权限就受到规范框架的限制。但是在尽量制定一个真正完整、明确的标准时，这种权限就没有了。一些工程师就实例研究问题接受了采访，他们认为规范框架，尤其是一些就安全问题有更详细的规范框架会让他们感觉被授予了一定的权力。如果规范框架中指定明确、详细、最低限度的安全要求，那么就能轻松地说服实施者遵循这些要求。如果实施者不允许工程遵照最低限度的安全要求，那么他们的设计就不能合格。如果规范框架不包括这些详细的、最低限度的安全要求，那么工程师就要说服客户在没有验收组织或法律约束做保障的情况下，要考虑最低限度的安全要求。这样，既要给工程师权限以便他们能很专业地、有道德地工作，同时也要为工程师提供详细规定的条例，这样他们就会更有动力为客户服务。

总之，如果满足下列条件，对做标准设计工程师的信任就是有担保的：

（1）工程师能力强。做标准设计的工程师要有很强的能力，这里的能力主要是指技术能力。

（2）用于设计的规范框架要充分。还需改进确定规范框架充分性的要求，需考虑到格伦沃尔德对规范框架的要求中所涉及的问题。

这两个条件都很必要，但对信任还不够。如果满足了这两个条件，

167

而且公众信任参与设计的工程师，那么这种信任是有担保的。即使工程师很有能力，而且规范框架充分，也不能强制公众信任工程师可以做标准设计。

第二节　激 进 设 计

个案研究的结果表明，工程师并不将规范框架用于激进设计，或者只是部分使用。因此，对做激进设计的工程师的信任是没有制度依据的。我重新采用拜尔关于信任的特性描述来确立有担保地信认激进设计工程师的条件："A 以评价标准 C 信任 B。"（Baier，1986）在这个特性表述中，"评价标准 C"并不明确。事实上，拜尔自己承认"将信任看做是三项的在某些情况下会带来曲解和系统化，到时我们就要不得不尽力找到符合 C 的确切的候选标准"。她引用了一个例子：当一个人在图书馆的时候，他要相信那里的人，那里的人必须很守秩序、给人安全感（Baier，1986）。在这个例子中，拜尔认为"守秩序、给人安全感"就是相信别人的"评价标准 C"。我的观点与拜尔一致。我不会很严格地应用对信任的特性表述，也不会刻意研究"评价标准 C"和"信任人评价目标"。那么描述信任特征的一个方法就是：相关行为人依据他们的评价标准来信任做激进设计的工程师。

相关行为人的评价标准是什么？这一点并不明确。因此，工程师应该加以维护并改进，但是工程师应该如何去做也不明确。如果有人信任邻居在假期能照看好他们的房子，那么他所希望邻居做的事情是很明确的。邻居应当照看房子、接受信件并为花草浇水。在激进设计中，应当关注哪些事情并不明确。并不是人们看重的每件事都与产品的激进设计过程有关。一些人喜欢莫扎特的音乐，一些人喜欢重金属音乐，但是人们喜欢的音乐类型与产品的设计无关。音乐的喜好可能与激进的新型音频设备有关，而与拖车的激进设计无关。因为相关行为人看重激进设计产品的哪些方面并不明确，对激进设计工程师的有担保信任要具备以下条件：

（1）工程师应该知道或了解相关行为人对所设计产品的评价标准。

（2）工程师在激进设计中应该尽所能地注意这些评价标准。

框架中的一些内容仍然应用于激进设计，在激进设计中所改变的只是标准配置（参见第八章第六节）。使用规范框架中的一些有效的内容，能帮助工程师顾及相关行为人评价标准。在规范框架中，规则和准则可避免一些问题的产生。也许无法完全实施这些规则和准则，但是它们可以帮助工程师在标准设计中了解所遇到的问题，一些问题也许与建议的激进设计有关。工程师也可以利用规范框架来构思，尤其是用于对标准配置有所改变的激进设计中。

如果设计是激进的，由于其功能和（或）操作原则与标准设计不同，那么用现有的规范框架来考虑相关行为人的评价标准以及所要避免的问题就行不通了。如果由于操作原则和（或）功能不同而导致充分的规范框架不能用于构思，那么工程师需要确定相关行为人的评价标准。如果工程师知道相关行为人的评价标准是什么，那么工程师就要有足够的技术能力，在产品的设计中体现出来。在接下来的这部分，我将开始探讨工程师如何知道或了解相关行为人对所设计产品的评价标准是什么。

有很多方法可以用来确定相关行为人的评价标准。一种选择是向所有的相关行为人询问对所设计产品的评价标准，然后将所有相关行为人的回答列表。但是，这样做是不可能的。首先，在设计过程中，尤其是在激进设计过程中，不可能知道产品的所有作用和副作用。如果对可能出现的副作用一无所知，那么是不可能将所有相关行为人的回答全部列出来的。其次，要想在询问时将所有与设计相关的评价标准列出来是很难的。有时你会意识到你的标准一旦变成了一种危险的事情，那么激进设计就会对原本很安全的东西造成威胁。对一种新产品，人们很难把评价标准统计成一个完整的表，而且如果对可能的或事实存在的副作用是未知的，那就不可能做到了。因此，是不可能得到所有相关行为人对产品评价标准的列表的。

人们已经做出努力，加快技术发展的步伐，并且在设计和发展过程中献计献策，其中一个例子就是"建构性技术评估"（CTA）（Schot and Rip,

1997）。"建构性技术评估"要求相关行为人参与到设计过程中来。"建构性技术评估"项目包含大多数大型技术发展项目，如生物工艺或阿姆斯特丹数字化城市项目（Schot and Rip，1997）。在这样大的项目里，邀请行为人参与进来是很可行的。但是问题是还不清楚新科技发展会有什么样的副作用和后果，因此也就不清楚谁是相关行为人。因此，相关行为人的参与，能拓宽科技发展的领域，但是哪个行为人与这种科技发展相关也是不确定的。这很可能就意味着在"建构性技术评估"中，每个行为人代表着这个或那个方面。如果发展像生物工艺、纳米技术这样新型的、有争议的技术，大多数的公众争论的焦点是如果生物工艺和纳米技术将来可能存在不确定性，那么哪些评价标准有潜在的危险。工程师无法知道相关行为人对这些新技术的评价标准，因为相关行为人自己也不知道，就此，相关行为人就哪些评价标准有危险的问题而展开了讨论。在这种情况下，在激进设计中就有必要应用"建构性技术评估"或知情同意过程（Shrader-Frechette，2002）。关于这个知情同意过程，我不会做详细解释，我只想说明，如果涉及新技术的开发，工程师的有担保信任就必须要求社会各界以各种方式积极参与。

在我所描述过的激进设计过程中，希望行为人就产品设计的潜在危险问题能够达成一致。在案例研究中所研究的激进设计是已有产品的激进设计。相关组织对产品类型的正面结果和反面结果都有一定的认识。从某种程度上看，在这些激进设计过程中尽管相关行为人会把评价标准区分优先次序，但是相关行为人的哪些评价标准有危险这一问题还是很明确的。从现实的角度看，在小范围内（激进设计，如荷兰 EVO 项目或挂车设计项目）要想包括所有相关行为人（代表）是不可能的。因此，我建议使用一种方法，能允许工程师在没有请求相关行为人积极参与到设计过程中来的前提下，能够确定相关行为人的评价标准。

工程师要具备一定的道德想象力才能确定相关行为人对产品设计的评价标准①。人们建议通过阅读文学作品或欣赏艺术来提高人们的道德想

---

① 也可参见 Patricia Werhane 写的有关道德想象力和管理决定的书籍，她认为确定不同的观点对做出好的管理决定是很必要的（Werhane，1999）。

象力。就这个问题，我不做更多解释，关于道德想象力的重要性和提高道德想象力的方法可参考 Nussbaum（2001）和 Murdoch（1997）的观点。我的建议是工程师应当凭借自己的经验来确定相关行为人可能的评价标准。我的建议很有说服力，因为正如激进设计个案研究所总结的，工程师在激进设计过程中已经发挥了他们的经验。工程师有他们自己的经验，但是在激进设计过程中，工程师需要系统地运用他们的经验。

第四章和第七章中所描述的激进设计的案例表明，关于道德问题的讨论是基于内部设计团队准则进行的。这些内部准则的根据是工程师的教育程度和设计经验，有时是他们的个人经验。单纯地依靠设计团队的内部准则是不够的，这会导致在相关行为人评价标准的问题上有盲区，拖车的例子就属于这种情况。在拖车的结构设计中，工程师没有将交通安全因素考虑在内。工程师不习惯考虑交通安全因素，他们觉得只需设计一种安全的、结构可靠的、轻型的拖车。在这个拖车设计的例子中，工程师没有系统地发挥个人经验。工程师确实可以发挥他们的个人经验和学问，但是只有在个人设计时经验才能被使用。即使某个工程师有开卡车的经验，他也很少参考工程设计以外的亲身经历。在荷兰 EVO 项目中会经常提到开车的亲身经历。项目负责人就像是一位家长介绍自己的开车经验，让其他的家长从中找到适用于驾驶一种轻型家庭小轿车的经验。在关于让司机有临危感的想法的讨论中，项目负责人认为司机不应该对危险太敏感，因为司机不可能永远让孩子坐在后排，这样孩子会感觉在坐玩具车。如果工程师设计完全不同的产品，那么对一个特别产品就没有很多设计经验来做激进设计。系统地思考工程师的个人经验有助于扩展一个设计团队的内部准则，进而概括相关行为人的评价标准。

可以将个人经验作为一种工具，来确定其他行为人的看法以及相关行为人的评价标准。如果工程师能将自己置身于设计工程师的角色之外，多想想不同的社会角色，那么他们就能找到相关行为人的评价标准。如果工程师能思考自己作为家长或市民的价值，那么他们甚至能够知道什么样的操作和取舍是其他行为人可接受的。举例来说，假设我正在驾驶我的车，孩子们坐在后座，那么我想从这辆汽车上得到什么呢？或者说，当我走在街上，其他人驾驶着车，我希望车是什么样的呢？

在麦金泰尔（Maclntyre）的道德哲学①中可找到一个类似的观点。根据麦金泰尔的观点，人们应当思考他们参与的不同实践的评价标准。麦金泰尔对"实践"的解释是：

> 这里的"实践"是指在社会中建立的人类合作行为的相关的、复杂的形式。通过这种形式，在努力达到合乎这种活动形式标准的过程中，其优势就能得以实现。其结果是人类达到优秀标准的能力、对结果的构想，以及人类活动的优势就能得到系统地发展。

（Maclntyre，1981）

麦金泰尔给出的实践的例子是关于下棋、友谊和父母身份。麦金泰尔区分了惯例和实践的区别。惯例是一种很正式的实践，惯例提供动力和资源，好的标准在实践者的互动中得以改进。可将设计团队的内部准则看做好的标准，这些内部准则用来确定在实践中什么样的设计是好的设计、工程师要有什么样的责任，以及设计团队中要有什么样的性质特征。

根据麦金泰尔的说法，每个人都要努力为自己争取幸福生活。对幸福生活的寻求要在评价标准和所参与的各种活动的矛盾中找到。尽力解决这些矛盾，就能帮助你得到幸福生活（Maclntyre，1981）。根据麦金泰尔的观点，一个人应当努力将所有的评价标准和所参与的活动结合起来，并协调两者的关系。麦金泰尔将对幸福生活的寻求以及评价标准和所参与活动的协调看做一种道德义务，我不会对此做深入讨论。我只是将工程师参与活动的不同评价标准看做判断相关行为人评价标准的工具，工程师在激进设计的过程中需要做到这一点，因为他们需要考虑到公众的利益及公众所赋予他们的信任。工程师应该多问自己几个问题：对使用产品的人而言什么才是重要的？例如，在设计一个全新的化学装置时，工程师应扪心自问：如果我和我的家人就住在这个街区，哪种设

---

① 这个观点的依据是《理解拖车设计中的道德责任》（*Understanding moral responsibility in the design of trailers*）（Van der Burg and Van Gorp，2005）。

计我认为才是可以接受的？在激进设计中常自问这样的问题，有助于工程师考虑到伦理问题的操作性，如安全以及伦理问题和其他问题之间的取舍。

工程师利用个人经验并不能保证所有影响因素决定的东西都能被考虑进来，但却可以使在设计中涵盖更多价值。工程师所能识别的影响因素决定的东西最终将取决于工程师在设计团队里的工作方式和研究背景，对合理设计团队的组成而言，这一点也十分重要。为了提高设计团队分辨影响因素价值的能力，团队应由具有不同工作方式和研究背景的工程师组成，他们能相互分享工作的经验，从而提高设计团队的合理性。

综上所述，本节指出从事激进设计的工程师除了具有技术能力之外，还要了解所设计产品的影响因素评估，一种分辨影响因素评估的办法就是运用个人的经验。如果工程师们能够系统运用个人经验，并考虑到他们作为使用者或者旁观者时对产品设计的评价，则可以拓宽设计团队的内部规范。

第三节　进一步研究

深入研究精确规范框架应该符合的要求模式是必需的。精确的规范框架和技能高超的工程师，构成标准设计中诚信工程师的基础。工程师们可以在标准设计过程中使用框架并有理由相信他们的设计是可以被接受的。如果框架能符合精确的要求，关于框架和设计被接受的深层次问题就能得以解决。

但是格式化这些要求并不容易，会引起对详细规定条件下的传统框架的争论，同时还会引起试图避开规定条件下传统框架的争论。在欧盟，已经有了这样的趋势：法规只要求陈述应该达到的目标或者应该遵循的程序。人们也提出了诸如好的程序是否能够达到好的结果的问题。关于规范框架应该符合要求的研究需要包括对不同领域学科的洞察，如道德哲学、工程伦理学、工程师的生活经历，甚至社会学的法律和政治方面也能用来获取有价值的想法。道德哲学和职业伦理学能够洞察在规范框架结构形成过程中需要考虑的影响因素，以及决定工程师专业、道德地设计所需自由度的影响因素。法律社会学可以用来洞察专业人士自我规范的不同形式。工程实践有助于建立实用的设计条例，以及在工程设计过程中用来授权于工程师的那些条例。部分要求可能是程序化的，这些要求需要回答在规范框架形成过程中应该以何种方式涉及哪些因素的问题。还有一些要求更像是教科书，如规范框架应该是一成不变的。

第四节　关于工程教育的建议

希望本书能对工程师的教育有所影响，而他们也确实需要这样的影响。

第一，应该教授工程师们理解设计过程的变化，以及这些变化所包含的解决相关伦理问题的方式。还有重要的一点：工程师们需要理解标准设计和激进设计的不同和不完整知识，不确定性和知识的不完整性在激进设计中体现得更多。标准设计和激进设计的不同在现有的工程伦理学中可以解释，如在风险和不确定性的问题被讨论的阶段，或者在本书中这些问题被特意提出和讨论的章节。

第二，在工程教育中，注意力应该被放置在存在于标准设计中的规范框架结构上。工程师们应该学会是谁程序化了规范框架的哪一部分以及他们之中需要承担的责任。在用于此项研究的案例学习中，有经验的工程师也不总是知道他们工作中的框架，并且也不总是知道要向谁来汇报问题。在 IJburg 大桥的案例中，工程师们承认他们用了五年的时间才算出规范框架及数字成分之间的关系，同样还是在大桥案例中，工程师们并不了解在建造地点规范框架所涉及的健康和安全的问题。例如，工程师只知道他们得制订健康和安全计划，但是他们并不知道对在建造地点人所允许反复提拉的质量是否有限制。这个例子说明：工程师在设计过程中会学习规范框架是存在疑问的。工程专业的学生应该学习规范框架的基础：构成因素、因素之间的关系，以及形成这些因素的责任组织。这并不意味着工程专业的学生要学会他们在日后职业生活中可能遇到的所有规范框架的内容，因为如果工程师掌握了规范框架的基础知识，那么他们就有能力识别出在工作中遇到的特别的规范框架的特殊细节。没有这些基础知识，工程师将很难建立属于他们设计过程的规范，而且他们也不能担负起规范框架的责任。工程师需要这种知识，使公众对工程师在标准设计中充满信任。我认为没有必要对规范框架进行分项教学，规范框架的内容应该在工程伦理学和设计课程中同时教授。标准设计中的作业易于要求工程专业的学生设计作品、寻找相关规范框架并在设计中应用。在笔者体验案例学习的时候，发现罗列所有的相关的能量单位指令、国家法规，与产品相关的号码和标准，既费时又费力（参见第五章第二节、第六章第三节、第八章第三节）。能量单位指令常常修订并与其他指令对应。查询密码并不容易，因为密码并不是唾手可得。代尔夫特理工大学的图书馆就不得不为查询这些密码付费，尽管荷兰的国家标准密码和标准是可查询的，但是大多数的国家，如美国、德国和英国的密码却并非如此。因此，在描述和产品设计相关的规范框架时总是存在困难，但是一旦工程专业的学生在其教育生涯中有过一次这样的经历，在他们日后的职业生涯中就很容易发现、使用和理解规范框架。例如，具有规范框架知识的工程师可以根据固定的密码理解设计要求的重要性，而不具备这种知识的工程师一旦脱离了承担论证能量单位指令责任的密码，就不会意识到这一点。

第三，工程师有能力思考激进设计中不同要求的实施及其评估，这一点尤为重要。这也就意味着，工程师应该受过相关教育并了解诸如安全不是一个明显和明白的概念一类的问题，安全这一术语是指道德评估的几个概念，是能以不同的方式操作和实施的问题（详见第四章第三节和第七章第三节）。工程师应该在思考设计程序的过程中系统地利用个人经验学会这一点。工程师教育应该包括道德想象力的激励。工程专业的学生应该思考不同的操作方式及其在设计过程中的取舍，并且能够在实施任务的时候使用这些技能。

参 考 文 献

Aalstein M. 2004. Brug 2007 Ontwerpverantwoording Voorontwerp. Ingenieurs Bureau Amsterdam april .

Arbeidsomstandighedenbesluit version . 2004. Sdu Uitgevers Den Haag.

Baier A. 1986. Trust and Antitrust. 96:231-260.

Baird F, Moore C J, et al. 2000. An ethnographic study of engineering at Rolls-Royce Aerospace. Design Studies ,21:333-355.

Baum R J. 1980. Ethics and Engineering Curricula. Hastings-on-Hudson: The Hastings Center.

Baxter M. 1999. Product design; a practical guide to systematic methods of new product development. Cheltenham: Thornes.

Bird S J. 1998. The Role of Professional Societies: Codes of Conduct and their Enforcement. Science and Engineering Ethics,4(3): 315-329.

Birsch D,Fielder J H. 1994. Ford Pinto case; a study in applied ethics, business, and technology. Albany: State University of New York Press.

Bouwbesluit version . 2002. Staatsblad 411 2001 and amendments Staatsblad 203. Den Haag: Sdu Uitgevers .

Bovens M A P. 1998. The quest for responsibility : accountability and citizenship in complex organisations. Cambridge: Cambridge University Press.

Bucciarelli L L. 1994. Designing Engineers. Cambridge: MIT Press.

Burke J G. 1966. Bursting boilers and the federal power. Technology and Culture, 7(1): 1-23.

Crown L . 1987. mv Herald of Free Enterpirse Report of Court No. 8074 Formal Investigation. London: Crown.

Cross N. 1989. Engineering design methods, Chichester: Wiley.

Cross N. 2000. Engineering Design Methods: Strategies for Product Design, third edition, Chichester: Wiley.

Dagblad A. 1997. Barsten in de brug. AMG, Rotterdam.

Dagblad A. 2005. Maastricht wil af van waaghalzen op de brug. AMG Rotterdam.

Dagblad B. 2004. Doden na instorten vertrekhal Parijs. Den Bosch: Wegener N. V.

Dancy J. 2004. Ethics without principles. Oxford: Oxford University Press.

Darley J M. 1996. How Organizations Socialize Individuals into Evildoing. In: Messick D M, Tenbrunsel A E. Codes of Conduct, Behavioral Research into Business Ethics. New York: Russel Sage Foundation, 13-44.

Davis M. 1998. Thinking like an engineer. Oxford: Oxford University Press.

——(2001). The Professional Approach to engineering Ethics: five research questions. Science and Engineering Ethics, 7(3): 379-390.

De Haan F W, Bermingham S K, Grievink J. 1998. Methanol, fuel for Disucssion. Ethische aspecten in de besluitvorming rond een fabrieksontwerp. Delft: Delft University of Technology.

De Kanter J L C G, Van Gorp A C. 2002. Use throw away or recylce: Reflection on sustainable design. Conference Engineering Education in Sustainable Development, Delft.

Devon R L A, McReynolds G A. 2001. Transformations：Ethics and Design. American Society for Engineering Education Annual Conference & Exposition 2001.

Disco C, Rip A, Van der Meulen B. 1992. Technical Innovation and the Universities. Divisions of Labor in Cosmopolitan Technical Regimes. Social Science Information,31:465-507.

DRO & IBA. 2003. Programma van Eisen brug 2007. Amsterdam.

European Commitee . 1999. Guide to the implementation of directives based on New Approach and Global Approach. Brussel.

European directives accessed at http://europa. eu. int/eur-lex/en/

  97/23/EC Pressure Equipment Directive

  2000/53/EC end-of-life of vehicles

  96/53/EC, 97/27/EC and 2002/7/EC masses, dimensions and manoeuvrability   of national and international transport

  89/106/EC construction products

  89/391/EC health and safety at work

  92/57/EC health and safety at construction sites

  98/37/EC all machinery

  73/23/EC amended by 93/68/EC low voltage equipment

  95/16/EC lifts

  90/368/EC Active implantable medical devices

  88/378/EC amended by 93/68/EC toys

Fenton J. 1996. Handbook of vehicle design analysis. London: Mechanical Engineering Publications Limited.

Florman S C. 1983. Moral blueprints. In: Schaub J H, Pavlovic K ,Morris M D. Engineering Professionalism and Ethics New York etc: John Wiley & Sons, 76-81.

Friedman B, Kahn P H, Borning A. 2003. Value Sensitive Design: Theory and Models. UW CSE technical report 02-12-01 version June

2003，University of Washington.

Gert B. The definition of morality. *In*：Zalta E N. The Stanford Encyclopedia of Philosophy. http：//plato. stanford. edu/archives/sum2002/entries/morality-definition/.

Gere J M，Timoshenko S P. 1995. Mechanics of Materials，Third SI edition，London，Chapman & Hall.

Gillum J D. 2000. The engineer of record and design responsibility. Journal of Performance of Constructed Facilities，3：67-70.

Grunwald A. 2000. Against Over-estimating the Role of Ethics in Technology Development. Science and Engineering Ethics，6（2）：181-196.

——（2001）. The Application of Ethics to Engineering and the Engineer's Moral Responsibility：Perspectives for a Research Agenda. Science and Engineering Ethics，7（3）：415-428.

——（2005）. Nanotechnology- A new field of ethical inquiry？. Science and Engineering Ethics，11（2）： 187-202.

Hampden-Turner Ch，Trompenaars A. 1993. The Seven Cultures of Capitalism. New York：Currency Doubleday.

Harris C E，Pritchard M S，Rabins M J. 1995. Engineering ethics：concepts and cases. Belmont：Wadsworth.

——（2004）. Internationalizing Professional Codes in Engineering. Science and Engineering Ethics，10（3）：503-521.

Hofstede G. 1991. Cultures and Organizations. Software of the Mind. London：MacGraw-Hill.

Hughes T P. 1983. Networks of Power；Electrification in Western Society 1880-1930. Baltimore：The Johns Hopkins University Press.

——（1987）. The evolution of large technical systems. *In*：Bijker W，Hughes T P，Pinch T. The social construction of technological systems；New directions in the sociology and history of technology. Cambridge：MIT Press.

Hunter T A. 1995. Desiging to Codes and Standards. *In*: Dieter G E. ASM Handbook. Vol. 20 Materials Selection and Design，66-71.

Jones K. 1996. Trust as an Affective Attitude. Ethics，107：4-25.

KivI（Koninklijk Instituut van Ingenieurs）. 2003. RVOI 2001 Regeling van de verhouding tussen opdrachtgever en adviserend ingenieursbureau. Den Haag：KIvI.

Kleinman D L. 2000. Democratizations of Science and Technology. *In*: Kleinman D L. Science，Technology and Democracy. New York：State University of New York Press.

Klüver L，Nentwich M，et al. 2000. Europta，European Participatory technology Assessment；Participatory methods in technology assessment and technology decision-making. Copenhagen：The Danish Board of Technology.

Knoppert M，Porcelijn R. 1999. DutchEVO the development of an ultralight sustainable conceptcar.

Kroes P. 2002. Design methodology and the nature of technical artefacts. Design Studies，23：287-302.

Kroes P A，Franssen M P M，et al. 2004. Engineering systems as hybrid，socio-technical systems. Engineering Systems Symposium，Cambridge：Marriott.

Ladd J. 1991. The quest for a code of professional ethics. An intellectual and moral confusion. *In*: Johnson D G. Ethical issues in engineering. Englewood Cliffs：Prentice Hall，130-136.

Lloyd P. 2000. Storytelling and the development of discourse in the engineering design process，21：357-373.

Lloyd P A，Busby J S. 2003. Things that went well- No serious injuries or deaths；Ethical reasoning in a normal engineering design process. Science and Engineering Ethics，9：503-516.

Lloyd P A，Busby JS. 2001. Softening Up the Facts：Engineering in Design Meetings. Design Issues 17(3)，67-82.

Luegenbiehl H C. 2004. Ethical Authonomy and Engineering in a Cross-Cultural Context. Techne,8(1).

Moore G E. 1988（1903）. Principia Ethica. Buffalo，NY：Prometheus Books.

MacIntyre A. 1981. After Virtue. Notre Dame：University of Notre Dame Press.

Martin M W，Schinzinger R. 1989. Ethics in Engineering，New York etc：McGraw-Hill.

Murdoch I. 1997. Existentialists and Mystics. *In*：Conradi P. Writings on Philosophy and Literature. Foreword Steiner G. London：Chatto & Windus Limited.

Nagel T. 1979. The fragmentation of value. Mortal Questions. Cambridge：Cambridge University Press.

NEN 6723. Regulations for concrete Bridges（VBB 1995）；Structural requirements and calculation methods，Delft：Nederlands Normalisatie-instituut.

NEN 6787. Design of movable bridges；Safety，Delft：Nederlands Normalisatie-instituut.

NEN 6788. The design of steel bridges，basic requirements and simple rules，Delft：Nederlands Normalisatie-instituut.

Nooteboom B. 2002. Trust. Cheltenham，UK；Northampton，MA，US：Edward Elgar.

Nussbaum M C. 2001. Upheavals of thought. The intelligence of emotions. Cambridge：Cambridge University Press.

Oberlandesgericht celle. 2003. Pressemitteilinung Eschede-Verfahren：Gericht regt die Einstellung des Strafverfahrens an. www. oberlandesgericht-celle. niedersachsen. de.

Ottens M M, Franssen M P M , et al. 2004. Modeling engineering systems as socio-technical system's. IEEE Systems, Man and Cybernetics 2004, The Hague, The Netherlands.

Pate A, Van Gils A. 2003. Stimulating ethical decision-making in a business context. Effects of ethical and professional codes. European Management Journal ,21(6):762-772.

Pfatteicher S K A. 2000. The Hyatt Horror: Failure and Responsibility in American Engineering. Journal of Performance of Constructed Facilities ,3: 62-66.

Polanyi M. 1962. Personal Knowledge. Chicago: The University of Chicago Press.

Rawls J. 1999. A Theory of Justice. Cambridge (Ma.): The Belknap Press of Harvard University Press.

Rip A, Kemp R. 1998. Technological change. *In*: Rayner S, Malone E L. Human Choice and Climate Change. Columbus OH: Battelle Press.

Roozenburg N, Cross N. 1991. Models of the design process-Integrating Across the Disciplines. International Conference on Engineering Design (Iced-91), Zurich, August: 27-29.

Rothengatter T. 2002. Drivers′ illusions- no more risk. Transportation Research Part F 5:249-258.

Schaub J H, Pavlovic K, et al. 1983. Engineering Professionalism and Ethics. New York etc: Jon Wiley & Sons.

Schot J,Rip A. 1996. The past and future of constructive technology assessment. Technological Forecasting and Social Change 54, 251-268.

Shrader-Frechette K S. 2002. Environmental justice. Creating equality, reclaiming democracy, New York: Oxford University press.

Simon H A. 1973. The structure of ill-structured problems. Artificial intelligence, 4: 181-201.

Simon H A. 1996. The Sciences of the Artificial. Cambridge: MIT

Press.

StatLine . 2003. Centraal Bureau voor de Statistiek.

Thompson D F. 1980. Moral Responsibility of Public Officials: The Problem of Many Hands. ASPR 74, 905-916.

TNO. 2003. Algemene Voorwaarden voor onderzoeksopdrachten aan TNO.

Trompenaars F, Hampden-Turner Ch. 1999. Riding the waves of cultures, understanding cultural diversity in business. London: Brealey.

Trouw. 2002. Chemieconcern DSM tornt aan veiligheidsgrens.

Unger S H. 1982. Controlling technology: ethics and the responsible engineer. Chicago: Holt, Rinehart and Winston.

Van de Poel I. 1998. Changing Technologies. A Comparative Study of Eight Processes of Transformation of Technological Regimes, PhD-thesis, University of Twente.

Van de Poel I R. 2000. Ethics and Engineering Design. SEFI, Rome.

——(2000a). On the Role of Outsiders in Technical Development. Technology Analysis & Strategic Management 12(3), 383-397.

——(2001). Investigating Ethical Issues in Engineering Design. Science and Engineering Ethics, 7 (3), 429-446.

Van de Poel I R, Van Gorp A C. 2006. The need for ethical reflection in engineering design; the relevance of type of design and design hierarchy. to appear in Science Technology and Human Values.

Van der Burg S, Van Gorp A. 2005. Understanding moral responsibility in the design of trailers. Science and Engineering Ethics, 11 (2): 235-256.

Van der Vaart R. 2003. The Netherlands: a cultural region? In: Van Gorp BH, Hoff M, Renes H. Dutch Windows, Cultural geographical essays on The Netherlands. Utrecht, Faculteit Ruimtelijke Wetenschappen- Universiteit Utrecht.

Van Gorp A, Van de Poel I. 2001. Ethical considerations in engineering design processes. IEEE Technology and Society Magazine, 21 (3): 15-22.

Van Kampen L T B. 2003. De verkeersonveiligheid in Nederland tot en met 2002. Leidschendam: SWOV.

Van Poortvliet A. 1999. Risks, Disasters and Management. Delft: Eburon.

Vaughan D. 1996. The Challenger launch decision: risky technology, culture, and deviance at NASA. Chicago: University of Chicago Press.

Vincenti W G. 1990. What Engineers Know and How They Know It, Baltimore and London: The John Hopkins University Press.

——(1992). Engineering Knowledge, Type of Design, and Level of Hierarchy: Further Thoughts About What Engineers Know. *In*: Kroes P, Bakker M. Technological Development and Science in the Industrial Age. Dordrecht: Kluwer.

Voertuigreglement. accessed jan 2005 overheidsloket. overheid. nl.

Walton M. 1997. Car: a drama of the American workplace. New York: Norton.

Werhane P H. 1999. Moral Imagination and Management Decision-Making. New York, Oxford: Oxford University Press.

Wilde G J S. 1994. Target Risk. Toronto: PDE Publications.

Wilders M M W. 2004. Het compleet Arbo-Regelgevingsboek 2004. Zeist: Uitgeverij Kerckebosch bv.

World Commission on Environment and Development. 1997. Our Common Future. New York, Oxford: Oxford University Press.

Yin R K. 1984, 1989, 1994. Case-study research: design and methods. 2nd edition. London: Sage.

Zandvoort H, Van de Poel I, Brumsen M. 2000. Ethics in the engineering

curricula：topics，trends and challenges for the future. European jour-
nal of engineering education,25(4):291-302.

Zucker L G. 1986. Production of trust：Institutional sources of economic
structure. Research in Organisational Behaviour,8:53-111.

网站资源：

www. dualnature. tudelft. nl accessed Aug 2004.

www. cenorm. be/cenorm/index. htm，accessed 29 Sept 2004.

www. eng-tips. com accessed weekly from Dec 2001 to Mar 2002.

www. euroncap. com accessed 15 Jan 2004.

www. eurncap. com accessed 22 May 2002.

www. evd. nl/CE-markering accessed 18 Feb 2005.

www. focwa. nl accessed 20 Aug 2003.

www. frontpage. fok. nl accessed 28 March 2005.

www. fsc. org accessed 10 Mar 2004.

www. ieaust. au accessed 21 Dec 2004.

www. krone. de accessed Aug 2003.

www. nyu. edu/projects/valuesindesign/index. htm accessed 3 March 2005.

www. newapproach. org accessed 17 Jan 2005.

www. safetyline. wa. gov accessed 19 Jan 2005.

www. smartproductsystems. tudelft. nl accessed regularly between 2001
and 2005.

www. swov. nl accessed regularly between Dec 2002 and Sept 2003.

www. tno. nl accessed Mar 2003.

附 录 1

受访者许可所有采访记录。

所有观察笔记和磁带已做转录,但此过程未经设计团队许可。

第四章　荷兰 EVO

采访

E. van Grondelle,项目负责人,荷兰代尔夫特理工大学,2001 年 6 月 6 日。

N. Gerrits,阿纳姆汽车工程学会学士学生,2001 年 5 月 29 日。

J. de Kanter,荷兰代尔夫特理工大学航空航天工程博士研究生,2001 年 5 月 31 日。

P. van Nieuwkoop,荷兰代尔夫特理工大学航空航天工程博士研究生,2001 年 5 月 31 日。

R. Porcelijn,工业设计师,2000 年 7 月 7 日和 2001 年 3 月 14 日。

M. Ribbers,阿纳姆汽车工程学会学士学生,2001 年 5 月 28 日。

N. Gerrits,阿纳姆汽车工程学会学士学生,2001 年 5 月 29 日。

R. van Rossum,荷兰代尔夫特理工大学航空航天工程硕士研究生,2001 年 6 月 8 日。

A. van Schaik,荷兰代尔夫特理工大学再循环、土木工程和地质学博士研究生,2001 年 7 月 3 日。

G. Sterks,荷兰代尔夫特理工大学航空航天工程硕士研究生,2001 年 2 月 21 日。

H. Welten,荷兰代尔夫特理工大学航空航天工程硕士研究生,2001年1月1日。

观察

设计会议(一些仅持续 30 分钟,另一些持续约 2 小时。)

2000 年 7 月 19 日至 21 日,全天设计会议。

2000 年 8 月 8 日,2000 年 9 月 20 日,2000 年 10 月 4 日,2001 年 1 月 25 日(G. Sterks 的毕业演讲和讨论),2001 年 2 月 21 日,2001 年 3 月 14 日,2001 年 3 月 28 日,2001 年 3 月 29 日,2001 年 4 月 11 日,2001 年 4 月 25 日,2001 年 5 月 2 日,2001 年 5 月 9 日。

项目会议(项目会议持续约 2 小时)

2000 年 8 月 1 日,2000 年 9 月 7 日,2000 年 10 月 11 日,2000 年 12 月 6 日,2001 年 1 月 10 日,2001 年 2 月 1 日,2001 年 3 月 1 日至 2 日(项目游览公司),2001 年 2 月 21 日,2001 年 4 月 11 日。

介绍和讨论

2001 年 7 月 11 日,J. de Kanter,E. van Grondelle, P. van Nieuwkoop, R. van Rossum, N. Gerrits, J. Jacobs, J. Spoormaker 和 A. Vlot 出席。

在我开始观察之前,我依赖荷兰 EVO 的档案文件重建设计过程。

第五章　管道和设备

采访

J. van Duijvenbode,雅各布工程管道设计师,2002 年 4 月 3 日。

H. van Gein,雅各布工程应力工程师,2002 年 4 月 3 日。

J. de Jong,雅各布工程材料工程师,2002 年 4 月 3 日。

N. van Leeuwen,雅各布工程工程经理,2002 年 3 月 21 日。

R. Steur,雅各布工程部门主管,2002 年 4 月 3 日。

A. de Wit,雅各布工程作业工程师,2002 年 4 月 3 日。

A. van Hoynck van Papendrecht,劳埃德登记处的高级设计评价工程师,2002 年 5 月 23 日。

N. Kuipers,荷兰代尔夫特理工大学材料科学与工程博士研究生,阿克苏诺尔工程前专家,2002 年 4 月 4 日。

G. Küpers,顾问工程师,2002 年 2 月 20 日。

管道和压力设备设计问题的背景信息来自于网上论坛:工程技巧论坛(www. eng-tips. com)。本次论坛上的讨论从 2001 年 12 月到 2002 年 3 月随访。

第六章　桥梁设计
采访

M. Aalstein,设计的领导者和钢工程师,国际律师协会,2004 年 3 月 30 日。

J van der Elsken,混凝土工程师,国际律师协会,2004 年 3 月 30 日。

E. Hemmelder,项目负责人,国际律师协会,2003 年 10 月 31 日。

H. van Kleef,钢工程师,国际律师协会,2004 年 4 月 5 日。

S. Molleman,健康、安全、建筑地点工程师,国际律师协会,2001 年 3 月 29 日。

W. Quist,建筑师,2004 年 4 月 27 日。

G. Wurth,民用建筑顾问,国际律师协会,2003 年 1 月 28 日。

通过电话与 R. Dayala 进行简短采访,国际律师协会,2004 年 4 月 20 日。

观察

设计会议持续约 2 小时。下面是观察的设计会议:2004 年 2 月 3 日,2004 年 2 月 17 日,2004 年 3 月 1 日,2004 年 3 月 2 日,2004 年 3 月 15 日,2004 年 3 月 30 日,2004 年 4 月 13 日。

介绍和讨论

2004 年 6 月 10 日。E. Hemmelder, M. Aalstein, H. van Kleef, R. Segwobind, J. Swier 和 F. van der Pol 出席。

第七章　轻型挂车的设计

采访

P. de Haan,轻型结构研究中心(CLC)的工程师,2003 年 6 月 4 日。

P. Knapen,Ruflor,2003 年 11 月 20 日。

L. Tromp,轻型结构研究中心(CLC)的工程师,2003 年 3 月 18 日和 2003 年 6 月 18 日。

观察

与客户的会议:2003 年 3 月 24 日,2003 年 5 月 7 日,2003 年 8 月 12 日。

无需客户开会,这些会议历时 1 小时或一整天:2003 年 3 月 8 日,2003 年 3 月 25 日,2003 年 4 月 4 日,2003 年 4 月 8 日,2003 年 4 月 10 日,2003 年 4 月 15 日,2003 年 4 月 17 日,2003 年 4 月 25 日,2003 年 5 月 2 日,2003 年 5 月 6 日。

介绍和讨论

2003 年 8 月 28 日。L. Tromp, P. de Haan, G. van der Weijde, A. Verheus, A. Beukers, D. Tiemens, R. Brouwer, M. Gan, R. Janssen 和 H. van Schie 出席。

附 录 2

荷兰 EVO 设计团队成员介绍[①]：

托马斯(Thomas)，项目负责人，为荷兰 EVO 每周工作 14 小时，有荷兰海牙艺术学校工业产品设计学位，信息技术学位和汽车设计管理的 MBA 学位。他在美国供职的公司一直从事工业设计工作，并且是汽车行业造型部门的顾问，他建议设计过程和使用信息通信技术，曾经有 6 年多的时间是自由职业者，做过汽车设计师和负责教学的汽车工程师。已婚，有两个年幼的孩子。他在 1999 年年底加入荷兰 EVO 项目。

皮特(Pete)，首席设计师，在荷兰代尔夫特理工大学从事工业设计研究。他曾在意大利的一个汽车设计工作室实习。皮特是开工项目的成员之一，他每周为荷兰 EVO 工作 2 天，在 2001 年 6 月，他停止相关工作。

迈克尔(Michael)，工业设计师，负责设计内饰，但在 2000 年 11 月离职。

斯考特(Scot)，工业设计师和文化科学家，在 2001 年中，为荷兰 EVO 工作了几个月，从事老化设计。

杰克(Jack)，工业设计师和机械工程师，他在大学每周工作一天，在荷兰代尔夫特理工大学工业设计专业教授产品设计中的视觉感受。他作为顾问，有时参加项目会议并给出建议，但他不愿为荷兰 EVO 项目承担任何责任。

大卫(Dave)，项目开始时是一名博士研究生，1999 年 10 月他被聘为飞

---

① 为保护隐私，人名已做修改。

机材料和设计讲师。他有航空航天工程硕士学位,指导过很多直接或间接参与荷兰 EVO 项目的学生做硕士论文,并尽力完成其撞击安全性材料的博士项目。

埃蒂(Ed),航空航天工程的博士研究生,他在研究铝的连接和在多种连接技术之间进行选择,荷兰 EVO 项目是他的个案研究,他与大卫一起指导查理(Charlie)和威廉(William)。

查理(Charlie),航空航天工程专业学生,以荷兰 EVO 的承重结构为题做硕士学位论文,大卫和埃蒂指导他。他在 2001 年 1 月完成硕士学位论文。

约瑟夫和杰夫(Josef and Jeff),来自阿纳姆汽车工程学会的学生,为荷兰 EVO 做最终项目,他们评估荷兰 EVO 是否适合不同的驱动线路。大卫指导他们,并且在 2000 年 11 月完成了工作。

乔治和吉尔(George and Jill),来自阿纳姆汽车工程学会的学生,为荷兰 EVO 做最终项目,他们为荷兰 EVO 悬架提出一个概念设计方案。托马斯和一个汽车动力学教授指导他们,他们在 2001 年 5 月毕业。

马克(Mark),航空航天工程专业学生,研究方向为空气动力学,曾在空气动力学方面给荷兰 EVO 团队提出建议。他的第一个导师是来自航空航天工程专业空气动力学专家,第二个导师是大卫,他从 2000 年 7 月到 2001 年 8 月做硕士学位论文。

威廉(William),航空航天工程专业学生,在荷兰 EVO 项目中做硕士学位论文,他为汽车的上部结构做了概念设计。他从 2001 年年初开始参与研究,由大卫和埃蒂指导。

卡廷卡和亚历山大(Katinka and Alexander),俄罗斯博士后和博士研究生,在评判优化材料使用的计算机程序的发展。荷兰 EVO 是他们的个案研究。他们应该决定非承重侧板的(生物降解)材料(alexander)和摇杆的材料(katinka)。团队的正式成员参加设计和社会活动,非正式成员不参加。亚历山大接替另一位俄罗斯博士生娜塔莎(Natasha),在被迫停止研究一年以后,于 2000 年 12 月重新开始。

瑞恩(Ryan),工业设计师,他评判传动系统和燃料,为项目工作了几个月,并于 2000 年 10 月辞职。他的业余爱好是赛车。

约翰(John),来自机械工程专业的学生,做了很多车辆动态行为模拟试验(2000 年 7 月至 2000 年 12 月),他没有完成报告,因此他的结果几乎无法惠及其他团队成员。如果结果是有前途的,他将被允许在教授和导师的指导下以荷兰 EVO 的动态行为为主题做硕士学位论文。这种情况没有发生,在他对结果简短介绍之后就悄悄地离开了团队。

苏珊和安尼(Susan and Ann),都是来自应用地球科学研究循环的博士研究生,是设计团队的一部分,有时出席项目会议,有时提出建议。她们在我和荷兰 EVO 合作的整个期间一直参与研究。

后 记

当这本书被译成中文出版的时候，我要真诚地感谢为我完成著作提供宝贵指导意见的荷兰代尔夫特理工大学的教授们，感谢 Peter Kroes、Jeroen van den Hoven、Ibo van de Poel、Henk Zandvoort、Michiel Brumsen 和 Sabine Roeser；感谢设计过程的工程师们为我提供许多素材和案例，感谢 Jens、Elmer、Liesbeth、Peter、Erwin 和 Malcolm；感谢参加翻译的中国学者和出版社编辑。由于这本书在荷兰已经出版，我有机会与 Armin Grunwald 合作，相关内容在本书的第八章和第九章做了介绍。

安珂·范·霍若普
2010 年 2 月 6 日于荷兰

译 后 记

本书是荷兰学者安珂·范·霍若普（Anke van Gorp）于 2005 年在荷兰代尔夫特理工大学（Delft University of Technology）哲学系从事伦理学与技术（Ethics and Technology）博士项目研究期间完成的。书中采用案例研究方法，探究了工程设计中的伦理问题，并突破了从问题到问题，从案例到案例的简单研究模式，开启一个通过案例研究进行伦理和哲学反思的研究方法和路径。书中许多观点和研究问题的方法都对我们深入开展工程和技术伦理研究及技术哲学研究具有启示意义。

赵迎欢、高健、傅克玲共同完成了本书第一章、第二章、第三章的翻译，赵迎欢单独完成第四章、第五章和附录的翻译，宋吉鑫和文菲完成了本书第六章、第七章、第八章、第九章的翻译。为了达到对作者思想的准确表达，我们与安珂·范·霍若普进行了多次交流和商讨。同时，在书稿初译完成以后，译者又进行了多次校译和修正。全书由赵迎欢教授统稿、定稿。

特别感谢东北大学的陈凡教授对翻译过程的指导，感谢原作者安珂·范·霍若普博士的支持，感谢沈阳药科大学外语部的高健和傅克玲副教授参与部分章节的校译，感谢科学出版社樊飞编辑的辛勤工作。

由于译者水平有限，译文中的不足在所难免，敬请读者批评指正。

赵迎欢　宋吉鑫

2010 年 2 月 5 日于沈阳

译 者 简 介

　　赵迎欢，女，1963 年 5 月生，哲学博士，沈阳药科大学社科部教授。主要从事技术哲学与技术伦理学、工程伦理学研究。曾出版学术专著《高技术伦理学》，在《科学学研究》、《科学技术与辩证法》等期刊上发表学术论文 50 余篇，主持国家、省、市各级科研项目 10 余项，编著、主编教材四部。

　　宋吉鑫，男，教授，2007 年毕业于东北大学科学技术哲学专业，获哲学博士学位。1988 年 9 月以来，在沈阳工程学院任教，主要研究方向：技术哲学、网络技术伦理、思想政治教育等。兼任辽宁大学马克思主义学院硕士生导师。已出版学术专著多部，主编丛书一套，在《科学技术与辩证法》《社会科学辑刊》《科技管理研究》等核心期刊发表学术论文 10 余篇。